平底鍋搞定香Q
手撕麵包・瑪芬・司康

高山和恵

瑞昇文化

用平底鍋就能完成！
手撕麵包的種變化

先前，『orange page』將廣受大家歡迎的手撕麵包，衍生出
不管是誰都能輕鬆製作、更不會失敗的「平底鍋手撕麵包」。
這次，我們將之升級為味道和外觀都各有巧妙的
「7 種變化手撕麵包」！
不僅充滿不同個性，也不需要使用到烤箱、
模具或其他特別的用具。
只要一把平底鍋，就能輕鬆完成。

第 **1** ～ **5** 種是使用酵母進行發酵的手撕麵包。
在發酵時也是使用平底鍋，可一口氣縮短發酵時間！
大概只要製作普通麵包的一半時間就能完成。

6 ～ **7** 是混合美式鬆餅粉的手撕麵包。
不需要揉捏、也不需要經過發酵，製作上輕鬆無比。
不管是哪一種都只需要花 30 分鐘就能做好。

當然，這些麵包雖然都很簡單，但美味的正統度可是毋庸置疑的！
是第一次做麵包的朋友們都能安心嘗試的特製食譜。
不管是製作還是享用都讓人愉悅的「平底鍋手撕麵包」。
現在就請各位務必拿起本書，試著挑戰製作美味的麵包吧。

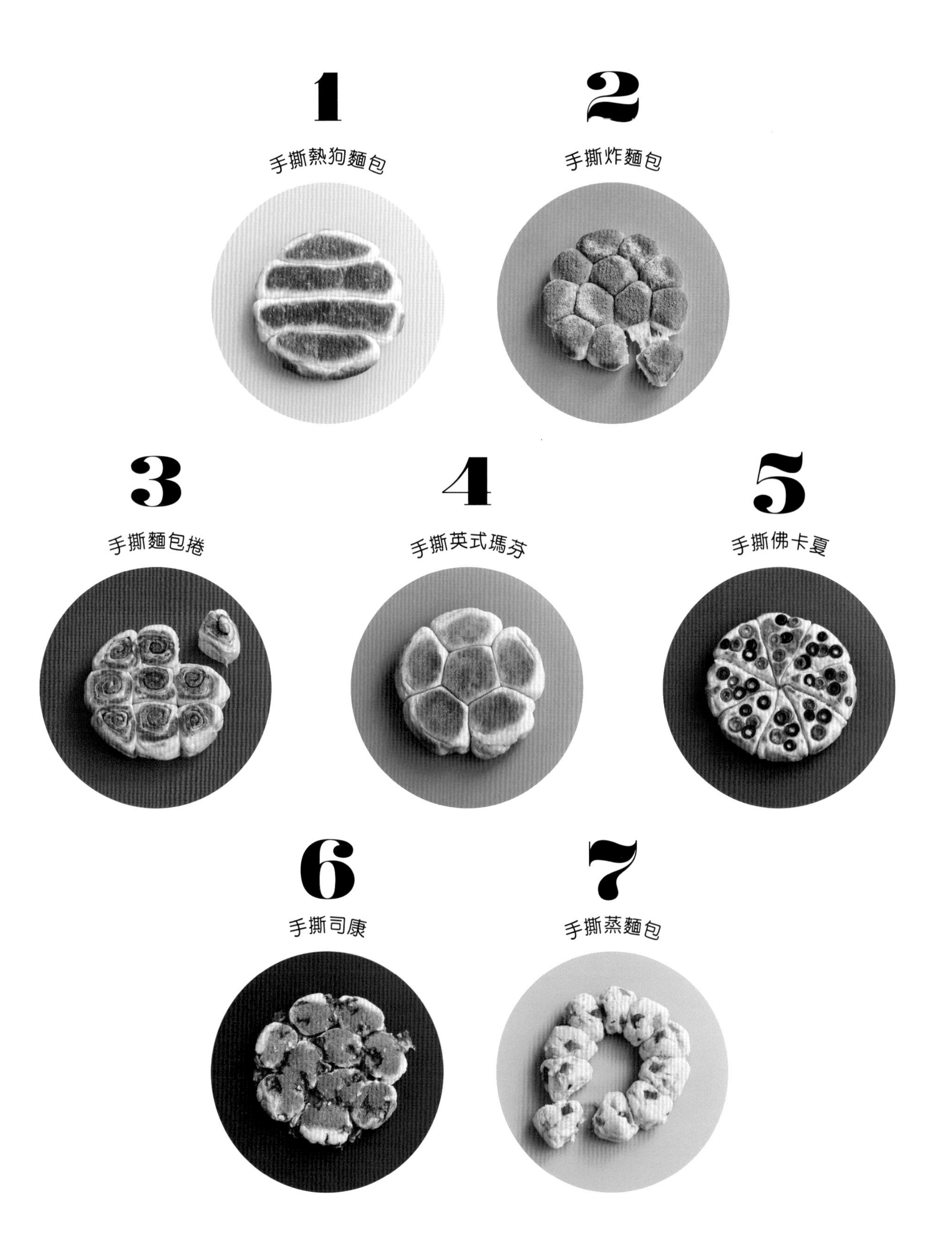
1
手撕熱狗麵包
2
手撕炸麵包
3
手撕麵包捲
4
手撕英式瑪芬
5
手撕佛卡夏
6
手撕司康
7
手撕蒸麵包

Contents

chigiri 1

手撕熱狗麵包

chigiri 2

手撕炸麵包

chigiri 3

手撕麵包捲

chigiri 4

手撕英式瑪芬

chigiri 5

手撕佛卡夏

chigiri 6

加入美式鬆餅粉製作！

手撕司康

chigiri 7

加入美式鬆餅粉製作！

手撕蒸麵包

< 食譜中的標示與注意事項 >

- 請使用中等大小的雞蛋（淨重約55g）、有鹽奶油。
- 本書食譜提到的1大匙為15ml、1小匙為5ml、1杯為200ml、1cc為1ml。
- 微波爐的加熱時間以600w為基準。
  使用500w的場合請大約調整為1.2倍、700w的場合則是0.8倍來進行加熱。
  另外，因應使用機型的不同，實際調理情況可能會有所差異。
- 本書中有少數提到蓋上保鮮膜後放入微波爐加熱的步驟，
  請事先確認您使用的保鮮膜是否適合進行微波調理。

chigiri

1

手撕熱狗麵包

熱狗麵包竟然也能變身成手撕麵包！？如果配合平底鍋的形狀，就能剛剛好做出長短共 4 條的麵包。像是親子一般依偎排列的形狀，可愛度滿點。鬆軟輕彈的口感，還有能品嚐到的淡雅樸實美味是其魅力所在。

基本型熱狗麵包

首先讓大家簡單
感受一下剛烘焙好的美味。
不論是什麼餡料都很相襯，
也推薦大家做成三明治。

● 材料（直徑 20cm 的平底鍋 1 個分量）

<麵包麵團>
- 高筋麵粉　150g
- 低筋麵粉　30g
- 蛋黃　1 個分量
- 砂糖　1 又 ½ 大匙
- 鹽　⅓ 小匙
- 奶油　15g
- <酵母液>
  - 乾酵母　3g
  - 水（常溫）　85g

防沾用手粉（高筋麵粉）　適量

● 事前準備

・在耐熱器皿中倒入製作酵母液用的水，不包上保鮮膜、直接放入微波爐加熱 10 秒，約為人體皮膚的溫度（以手指輕觸，如果太熱就稍微放涼）。加入酵母，迅速混合（不必完全溶解也 OK）。

・在耐熱器皿中加入奶油，不包上保鮮膜，以微波爐加熱 10 秒，使奶油軟化。

● 製作方法

step 1　揉捏麵團，塑型成圓球狀！

1 混合材料……

在調理碗中加入除了麵團用奶油以外的材料，用橡膠刮刀將材料攪拌至不帶粉粒狀。用手將麵團揉成一塊，取出並放到作業台上。

2 揉捏！

擠壓麵團，用像是將自身體重施加於上的方式往對側推揉，再往自己這邊摺回堆疊。接著將麵團轉 90 度，重複進行這項作業，直到表面變得光滑大概需要 4 分鐘的揉捏。結束揉捏後，將麵團放回到調理碗中。

3 加入奶油。

將奶油加入步驟 **2** 的麵團中，並將之疊合把奶油包進去。將麵團左右拉伸、讓內側部位露出後再揉回成一團，重複數次，讓奶油充分融入整體。把麵團放到調理台上，如同步驟 **2** 那樣，進行約 4 分鐘左右的揉捏，直到表面呈光滑狀態。

4 揉成圓球就完成！

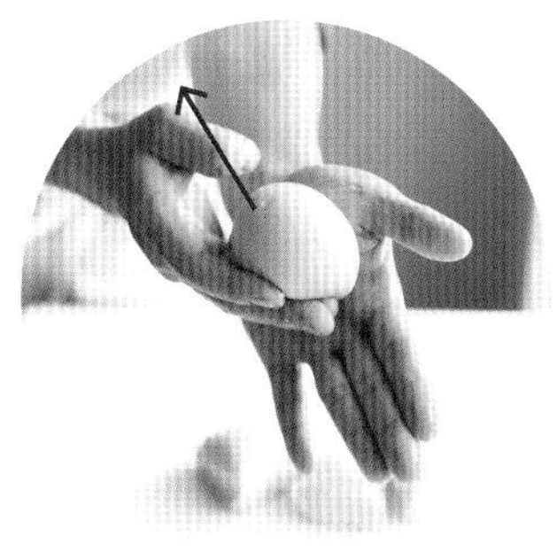

將步驟 **3** 的麵團切成 4 等分，將每份麵團的側緣往中央部分拉，捏緊開口並將之閉合（**a**）。將閉合部分朝下，放在手掌上，另一隻手置於麵團側面把麵團往自己這一側滑動，塑型成表面緊實的圓球。

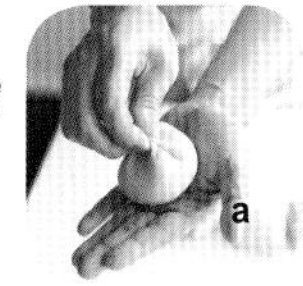

step 2 置於平底鍋中發酵、烘烤！

5 用文火加熱，暫時擱置。

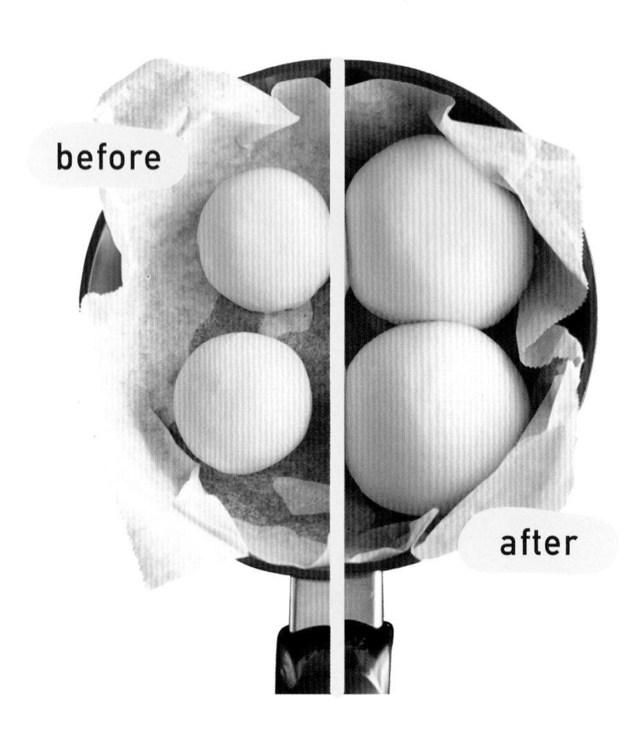

將 1 大匙的水加入直徑 20cm 的平底鍋之中，鋪上烤箱用調理紙。將步驟 **4** 的麵團以閉合處向下的方式擺進鍋子，稍微輕壓、使其平整。蓋上蓋子，以文火（極弱火）加熱 1 分鐘後關火。直到麵團膨脹到 1.5 倍為止，大約要在蓋上鍋蓋的狀態下維持 20 分鐘（一次發酵）。

6 分開麵團，延展成細長狀。

將步驟 **5** 的麵團取出，放在作業台上搓揉疊合，並用手將空氣擠出。接著將麵團秤重計量，切成 3 等分，其中一份再分成 2 份。在作業台上撒上防沾用手粉，將每個麵團輕輕搓成球狀後，將手指貼在麵團兩側，並往自己這一側滑動。小的麵團搓成 10cm、大的麵團搓成 20cm，呈現細長棒狀。手指觸碰的部分要捏起使之閉合（參考下方的 Point）。

Point

● 發酵和烘烤時，別忘了蓋上蓋子。

為了保溫和避免乾燥，麵團在進行發酵和烘烤時都要蓋上蓋子。請使用和鍋子尺寸相符的蓋子。

● 將麵團分成 4 等分，發酵會更快速！

藉由將麵團分成 4 等分，就能在進行一次發酵時更容易升溫、促進發酵。膨脹後的麵團請用手掌心擠壓，將空氣擠出。

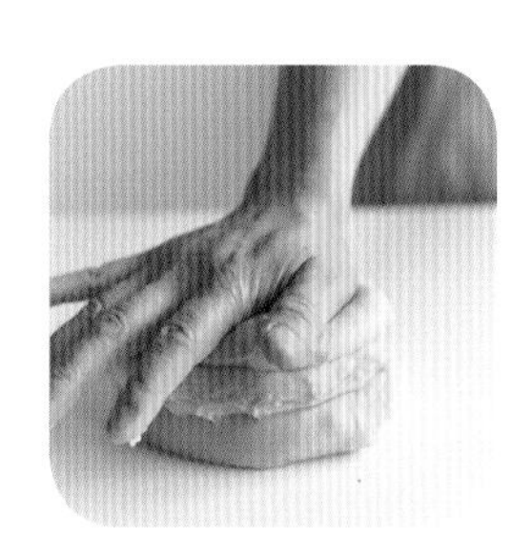

7 再次加熱，暫時擱置。

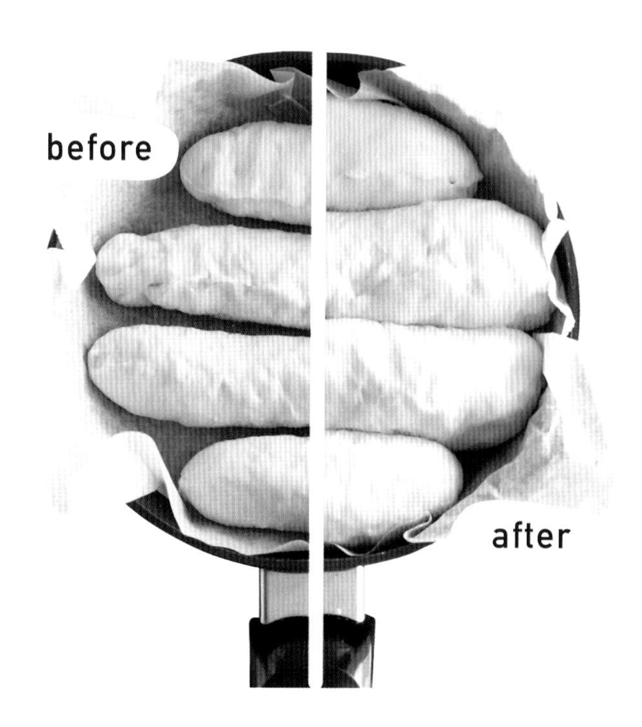

擦去平底鍋和烤箱用調理紙上的水分，將調理紙放回。把步驟 **6** 的 2 個大麵團放在中間，上下則各放一個小麵團。每個麵團都是將閉合處朝上排列。蓋上蓋子，以文火加熱 1 分鐘後關火。直到麵團膨脹到 1.5 倍為止，大約要在蓋上鍋蓋的狀態下維持 15 分鐘（二次發酵）。

8 將兩面進行烘烤，就大功告成！

在步驟 **7** 的麵團膨脹之後，就在蓋子蓋上的狀態下開火，烘烤 8 ～ 10 分鐘。接著連同調理紙將麵團取出，放到比平底鍋大一點的盤子上，接下來將平底鍋倒過來蓋住麵團，把盤子和平底鍋一起上下翻轉。拿掉調理紙，蓋上蓋子再以文火烘烤 7 ～ 8 分鐘。最後放到網架上，去除餘熱。

（⅓量約 302kcal、 鹽分 0.8g）

● 將一次發酵的麵團分成 2 塊小的、2 塊大的。

在進行到步驟 **6**、要將麵團搓揉成棒狀之前，先把麵團分成 2 塊小的、2 塊大的，並將它們輕輕搓成球狀。

● 延展成細長狀時，要讓表面顯出光滑緊實感。

將雙手的無名指貼在麵團的兩側，往自己這一側滑動，讓麵團表面顯出光滑緊實感。如果一邊延展、一邊將雙手無名指往左右兩側移動，麵團會變得更加細長。

夾入各式各樣的餡料，

變身成熱狗三明治！

How to Make

將P9～11製作的1個「基本型熱狗麵包」放涼後，用菜刀在上面劃出切口，依序均衡地夾入各種餡料。如果想夾入更多的餡料，就以斜口方式入刀、若是希望凸顯餡料陣容，就以垂直方式入刀。

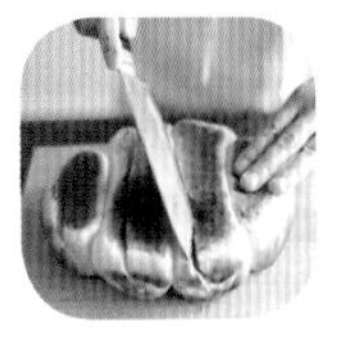

義大利麵熱狗麵包

將身為西式餐廳招牌料理的義大利麵化身為塞得滿滿的三明治，還加上了水煮蛋陪襯。其中散發出的些微懷舊風味，讓饕客為之雀躍。

● 材料（P9「基本型熱狗麵包」1 個）

<餡料>

義大利麵　150g

水煮蛋　1 個

<點綴>

切末巴西里、

粗粒黑胡椒　各少許

● 事前準備

・將水煮蛋對半切開，再各自切成 4 等分。

（⅓量約 415kcal、鹽分 1.7g）

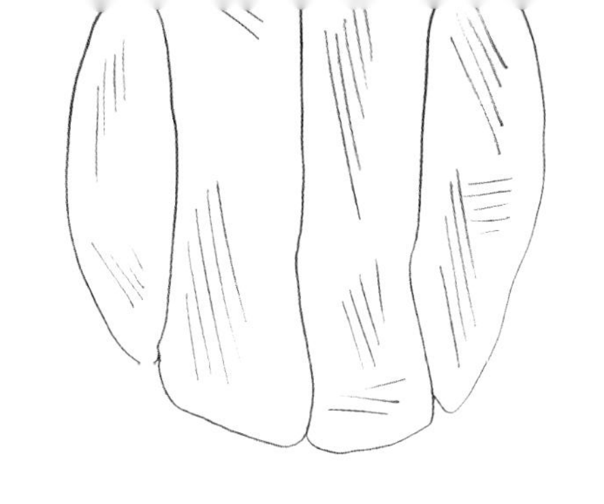

水果熱狗麵包

用滿滿的鮮奶油和豐盛的各色水果妝點。
宛如甜美可愛蛋糕的三明治就完成了！

● 材料（P9「基本型熱狗麵包」1個）

＜餡料＞

＜鮮奶油＞

生奶油　½杯

砂糖　2小匙

葡萄（綠、紫）　各5顆

芒果　⅓個

樹莓　5顆

＜點綴＞

糖粉 少許

● 餡料的準備

在調理碗中放入製作鮮奶油的材料，用手持攪拌器打發到可拉出立體尖角的程度（之後放入擠花袋中擠出，會很漂亮）。芒果去皮，切成2.5cm小塊。

● 點綴

用茶篩將糖粉篩在麵包體上點綴。

（⅓量約498kcal、鹽分0.8g）

抹茶紅豆熱狗麵包

藉由以紅豆餡蜜為意象的裝飾，來呈現出和風的樣貌。
微苦的抹茶奶油強化了整體的印象。

● **材料**（P9「基本型熱狗麵包」1 個）

< 餡料 >

- < 抹茶奶油 >
  - 生奶油　½ 杯
  - 抹茶、砂糖　各 2 小匙
- 綜合水果（罐裝，倒掉汁液）　70g
- 水煮紅豆　3 大匙
- 櫻桃（罐裝，倒掉汁液）　6 個

● **餡料的準備**

在調理碗中放入製作抹茶奶油的材料，用手持攪拌器打發到可拉出立體尖角的程度（之後放入擠花袋中擠出，會很漂亮）。將綜合水果切成一口大小。

（⅓量約 524kcal、鹽分 0.8g）

炸蝦熱狗麵包

外觀細長的炸蝦和熱狗麵包相當契合。
酥脆的麵衣讓人欲罷不能。

● **材料**（P9「基本型熱狗麵包」1 個）

< 餡料 >

- 高麗菜葉切絲　1 片份
- 炸蝦（小）　6 條
- 番茄　½ 個

< 點綴 >

- 中濃醬料　適量

● **餡料的準備**

番茄去除蒂頭，切成半月形薄片。

（⅓量 524kcal、鹽分 1.8g）

親子香腸熱狗麵包

如果夾進長短不同的香腸的話，
就成為了只有手撕熱狗麵包才能做出來的獨特熱狗堡！

● 材料（P9「基本型熱狗麵包」1個）

<餡料>

紅葉萵苣葉　1片

維也納香腸（長、短）　各2條

<點綴>

番茄醬、法式芥末醬　各適量

沙拉油　少許

● 餡料的準備

在平底鍋中倒入沙拉油，以中火加熱，放入香腸一邊翻動一邊煎2～3分鐘。紅葉萵苣的葉子則是撕成適合入口的大小。

（⅓量461kcal、鹽分2.0g）

chigiri

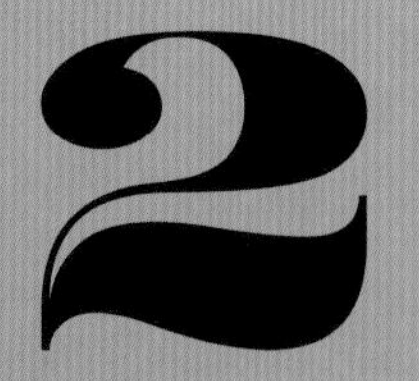

手撕炸麵包

烘焙出恰到好處烘烤色澤的炸麵包。最後淋上油，油煎烘烤到外層酥脆、內部鬆軟！圓圓胖胖的球形麵團，包入一口大小的餡料，分量剛剛好。也可以嘗試包進漢堡排或起司等做出變化型喔。

黃豆粉炸麵包

約70分鐘就可完成！

和「熱狗麵包」使用同樣的麵團，
但卻能享受到截然不同的風味。
麵包粉的酥脆口感是一大重點。
撒上黃豆粉
做成營養午餐配膳的風格。

● 材料（直徑20cm的平底鍋1個分量）

<麵包麵團>
- 高筋麵粉　150g
- 低筋麵粉　30g
- 蛋黃　1顆份
- 砂糖　1又½大匙
- 鹽　⅓小匙
- 奶油　15g
- <酵母液>
  - 乾酵母　3g
  - 水（常溫）　85g

防沾用手粉（高筋麵粉）　適量
麵包粉　1大匙
沙拉油　4大匙

<黃豆粉砂糖>
- 黃豆粉　2小匙
- 砂糖　1小匙
- 鹽　少許

★在進行到擠出空氣之前，事前準備以及步驟**1**～**6**都和P9～11的「基本型熱狗麵包」一樣，請參照。

● 製作方法

塑型成圓球狀，加油烘烤！

1 撒上麵包粉……

將麵團秤重計量，分成12等分，在手上沾點防沾用手粉，依照P9的步驟**4**那樣塑型成球形。擦去平底鍋和烤箱用調理紙上的水分，將調理紙放回。將麵團閉合處朝下，以中央3個、周圍9個的方式排列。用刷子沾點水，刷在麵團表面，撒上麵包粉。

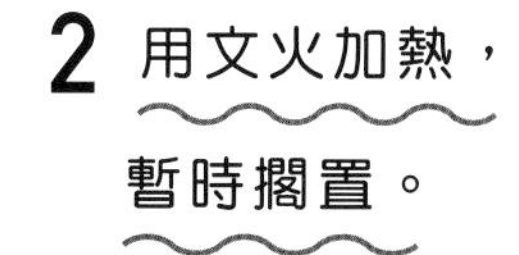

2 用文火加熱，暫時擱置。

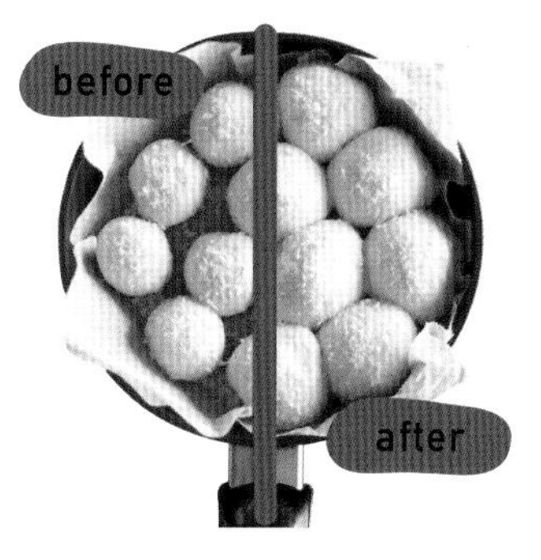

將步驟**1**的鍋子蓋上蓋子，以文火（極弱火）加熱1分鐘後關火。直到麵團膨脹到1.5倍為止，大約要在蓋上鍋蓋的狀態下維持15分鐘（二次發酵）。

3 加入油，進行油煎烘烤。

在步驟**2**的麵團膨脹之後，就在蓋子蓋上的狀態下開火，烘烤8～10分鐘。接著連同調理紙將麵團取出，放到比平底鍋大一點的盤子上，接下來將平底鍋倒過來蓋住麵團，把盤子和平底鍋一起上下翻轉。拿掉調理紙，將沙拉油從邊緣處倒入，蓋上蓋子再以文火油煎烘烤5～6分鐘。打開蓋子，轉中火，傾斜鍋子，讓油可以均勻沾附到整體，再烘烤1分鐘。

4 大功告成！

用兩根木匙將麵包抬至網架上（平底鍋中會有油殘留，小心不要燙傷了）。上下翻轉，將烘烤出焦色的那一面朝上，去除餘熱。混合黃豆粉砂糖的材料後，將之撒上（**a**）。

（¼量約308kcal、鹽分0.6g）

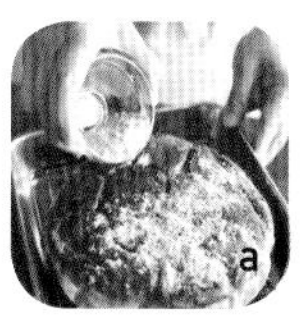

How to Make

包入各式各樣的餡料，變身成炸麵包！

和P17的「黃豆粉炸麵包」進行同樣的作業。只不過，麵團要分成12等分，作業台和擀麵棍都要撒上防沾用手粉，每一份擀成直徑8cm大小。只包進½量的餡料，把麵團邊緣往中間拉，包起（球狀塑型時即使形狀不好看也無妨）。包起時開口處要確實閉合，不要讓餡料跑出來。為了避免剩下的麵團乾掉，請用確實擰掉水分的濕布蓋著。

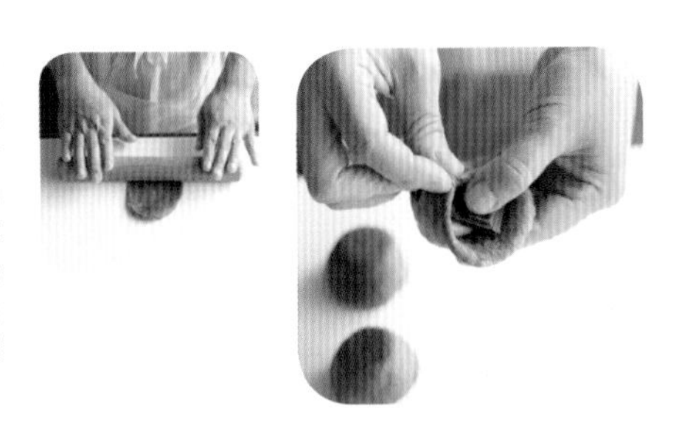

巧克力香蕉炸麵包

香蕉和巧克力一起呈現出濕潤滑嫩的口感。在口中一口氣綻放的甜蜜滋味真是絕品！

● 材料（直徑20cm的平底鍋1個分量）

<麵包麵團>
- 參考P17「黃豆粉炸麵包」　全量
- 可可粉　1大匙

<餡料>
- 香蕉　1條
- 板狀巧克力（牛奶口味）　1片（約50g）

防沾用手粉（高筋麵粉）　適量
麵包粉　1大匙
沙拉油　4大匙

● 事前準備

香蕉切成12等分的片狀。巧克力也分成12等分。　（¼量約398kcal、鹽分0.6g）

咖哩風味漢堡排炸麵包

麵團和漢堡排，雙重搭配發揮咖哩風味。
漢堡排使用便當菜使用的一口尺寸，大小剛剛好。

● 材料（直徑 20cm 的平底鍋 1 個分量）

<麵包麵團>
參考 P17「黃豆粉炸麵包」　全量
咖哩粉　1 小匙

<餡料>
市售的冷凍漢堡排
（4x3cm 左右的大小）　6 個
中濃醬料　1 大匙
咖哩粉　¼ 小匙

<點綴>
切末巴西里　少許

防沾用手粉（高筋麵粉）　適量
麵包粉　1 大匙
沙拉油　4 大匙

● 餡料的準備

漢堡排依照包裝袋說明進行解凍，對半切開。把咖哩粉加入醬料中混合，淋在漢堡排上。

（¼量約 371kcal、鹽分 1.3g）

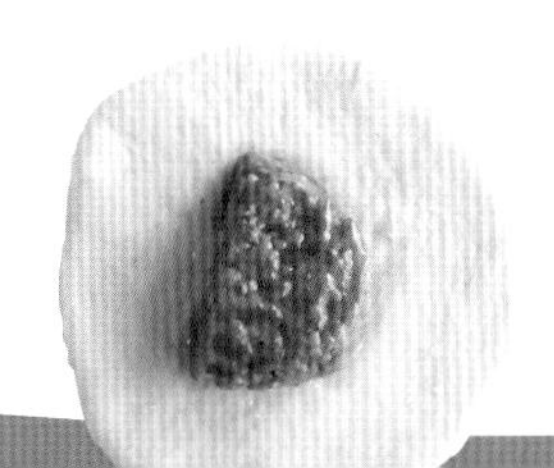

瑪格麗塔炸麵包

包進莫札瑞拉起司、番茄、羅勒的披薩風麵包。
融化的起司與羅勒的香氣讓人難以抗拒！

● 材料（直徑 20cm 的平底鍋 1 個分量）

＜麵包麵團＞
參考 P17「黃豆粉炸麵包」　全量
＜餡料＞
小番茄（小）　12 個
莫札瑞拉起司（一口大小）　12 個
羅勒葉　6 片
＜點綴＞
帕瑪森起司的磨粉（或是起司粉）、粗粒黑胡椒　各少許
防沾用手粉（高筋麵粉）　適量
麵包粉　1 大匙
沙拉油　4 大匙

● 事前準備

起司擦去水分。羅勒葉撕成一半。

（¼ 量約 379kcal、鹽分 0.6g）

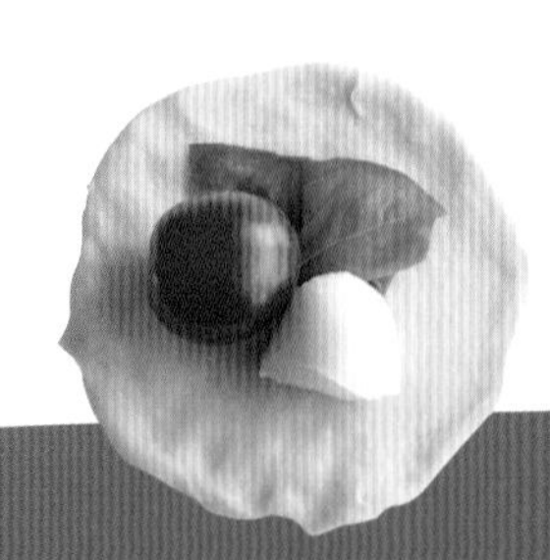

乾燒蝦仁炸麵包

蝦子彈嫩的口感和有點辣辣的醬料讓人為之著迷。
加入蔥之後，也讓香氣的層次更加昇華。

● 材料（直徑 20cm 的平底鍋 1 個分量）

＜麵包麵團＞
參考 P17「黃豆粉炸麵包」　全量
＜餡料＞
汆燙過的蝦子（去殼）　120g
蔥末　⅕ 根分量
番茄醬　1 又 ½ 大匙
豆瓣醬、芝麻油、醬油　各 ¼ 小匙
鹽　1 小撮

防沾用手粉（高筋麵粉）　適量
麵包粉　1 大匙
沙拉油　4 大匙

＊餡料的汁液如果擴散到麵團邊緣的話，容易讓閉合處破掉，因此將麵團做成直徑 10cm 左右的大小比較適當。如果汁液漏出的話就可能讓油飛濺，因此請確實將閉合處壓緊。

● 餡料的準備

蝦子切成 2cm 的大小。混合其餘餡料的材料，淋在蝦子上。

（¼ 量約 351kcal、鹽分 1.3g）

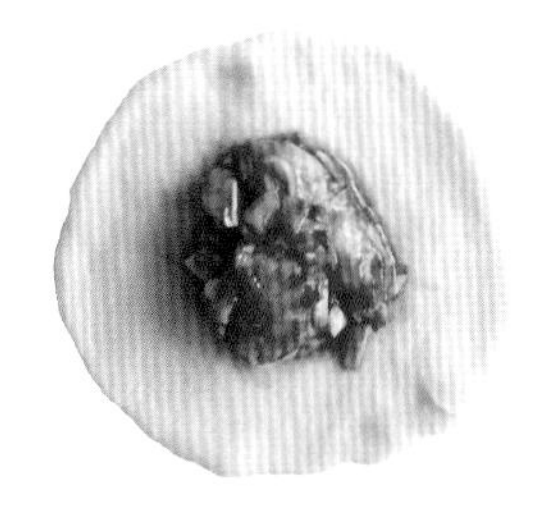

chigiri

3

手撕麵包捲

整齊排列的螺旋外觀是這款麵包的註冊商標。因為可以像蛋糕捲那樣將螺旋麵團分切製作，因此不必一個一個塑型成圓球狀。另外，別看外觀如此，它可是能捲進很多種的餡料，不論是要用來製作鹹麵包還是甜麵包，都能得心應手。

約70分鐘就可完成！

肉桂捲

因為鬆軟的口感，

讓人吃了就停不下來的麵包捲。

肉桂糖的甜蜜香氣，

就這樣在口中溫和地擴散開來。

● 材料（直徑 20cm 的平底鍋 1 個分量）

< 麵包麵團 >

- 高筋麵粉　180g
- 蛋液　½ 個分量
- 砂糖　2 大匙
- 鹽　½ 小匙
- 奶油　20g
- < 酵母液 >
  - 乾酵母　3g
  - 水（常溫）　80g

< 肉桂糖 >

- 砂糖　1 大匙
- 肉桂粉　1 小匙

防沾用手粉（高筋麵粉）　適量

● 事前準備

・在耐熱器皿中倒入製作酵母液用的水，不包上保鮮膜、直接放入微波爐加熱 10 秒，約為人體皮膚的溫度（以手指輕觸，如果太熱就稍微放涼）。加入酵母，迅速混合（不必完全溶解也 OK）。

・在耐熱器皿中加入奶油，不包上保鮮膜，以微波爐加熱 20 秒，使奶油軟化。

● 製作方法

step 1　揉捏麵團，塑型成圓球狀！

1 混合材料……

在調理碗中加入除了麵團用奶油以外的材料，用橡膠刮刀將材料攪拌至不帶粉粒狀。用手將麵團聚合成一塊，取出並放到作業台上。

2 揉捏！

擠壓麵團，用像是將自身體重施加於上的方式往對側推揉，再往自己這邊摺回堆疊。接著將麵團轉 90 度，重複進行這項作業，直到表面變得光滑大概需要 4 分鐘的揉捏。結束揉捏後，將麵團放回到調理碗中。

3 加入奶油。

將奶油加入步驟 **2** 的麵團中，並將之疊合把奶油包進去。將麵團左右拉伸、讓內側部位露出後再揉回一團，重複數次，讓奶油充分融入整體。把麵團放到調理台上，如同步驟 **2** 那樣，進行約 4 分鐘左右的揉捏，直到表面呈光滑狀態。

4 揉成圓球就完成！

將步驟 **2** 的麵團切成 4 等分，將每份麵團的側緣往中央部分拉，捏緊開口並將之閉合（**a**）。將閉合部分朝下，放在手掌上，另一隻手置於麵團側面把麵團往自己這一側滑動，塑型成表面緊實的圓球。

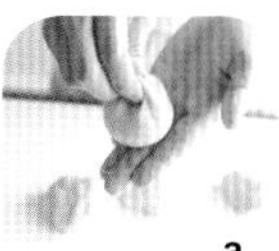

a

step 2 ｜ 置於平底鍋中發酵、烘烤！

5 用文火加熱，暫時擱置。

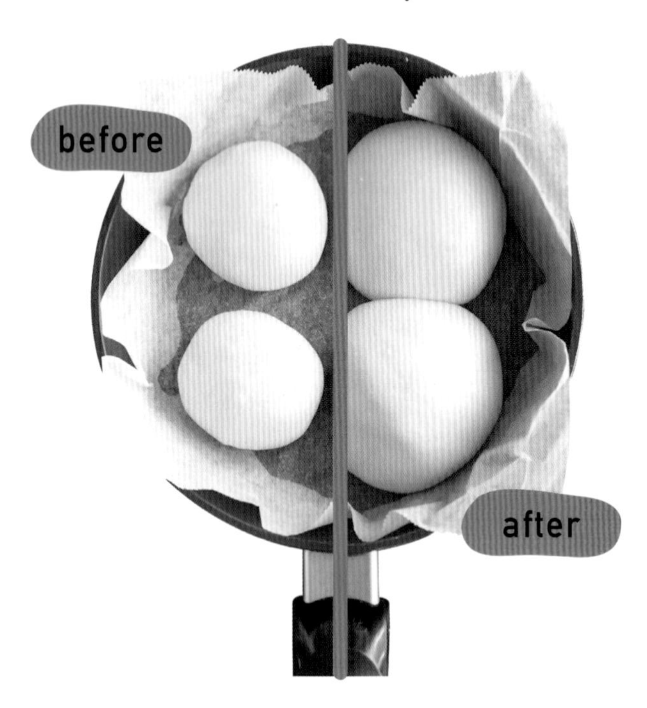

將 1 大匙的水加入直徑 20cm 的平底鍋之中，鋪上烤箱用調理紙。將步驟 4 的麵團以閉合處向下的方式擺進鍋子，稍微輕壓、使其平整。蓋上蓋子，以文火（極弱火）加熱 1 分鐘後關火。直到麵團膨脹到 1.5 倍為止，大約要在蓋上鍋蓋的狀態下維持 20 分鐘（一次發酵）。

6 將麵團擀開，再捲起來。

將步驟 **5** 的麵團取出，放在作業台上搓揉疊合，並用手將空氣擠出。作業台和擀麵棍都要撒上防沾用手粉，將麵團擀成 25x30cm 的尺寸。混合肉桂糖的材料，均勻地撒遍整體、直到離麵團邊緣 2cm 距離處。將麵團往自己這一邊捲起。捲完之後，將閉合處輕抓壓實。（參考下方的 **Point**）。

Point

● 發酵和烘烤時，別忘了蓋上蓋子。

為了保溫和避免乾燥，麵團在進行發酵和烘烤時都要蓋上蓋子。請使用和鍋子尺寸相符的蓋子。

● 擀開麵團時要保持厚度均等。

在步驟 **6** 中，要將麵團厚度均等地擀開。從麵團中心開始，用擀麵棍往前後和四個角擀開，是這階段的訣竅所在。

7 再次加熱，暫時擱置。

擦去平底鍋和烤箱用調理紙上的水分，將調理紙放回。把步驟 **6** 的麵團3 個一列排列，總計 3 列（排在兩端的麵團，請將切口朝下擺放）。蓋上蓋子，以文火加熱 1 分鐘後關火。直到麵團膨脹到 1.5 倍為止，大約要在蓋上鍋蓋的狀態下維持 15 分鐘（二次發酵）。

8 將兩面進行烘烤，就大功告成！

在步驟 **7** 的麵團膨脹之後，就在蓋子蓋上的狀態下開火，烘烤 8 ～ 10 分鐘。接著連同調理紙將麵團取出，放到比平底鍋大一點的盤子上，接下來將平底鍋倒過來蓋住麵團，把盤子和平底鍋一起上下翻轉。拿掉調理紙，蓋上蓋子再以文火烘烤 7 ～ 8 分鐘。最後放到網架上，去除餘熱。

（⅓量約 323kcal、鹽分 1.2g）

● 將麵團從邊緣一點一點地捲起。

開始進行捲這個動作時不要一口氣捲完，請一點一點地捲。進行相同動作、捲到差不多一半的地方時，之後就請迅速捲起。

● 高度均等地進行分切。

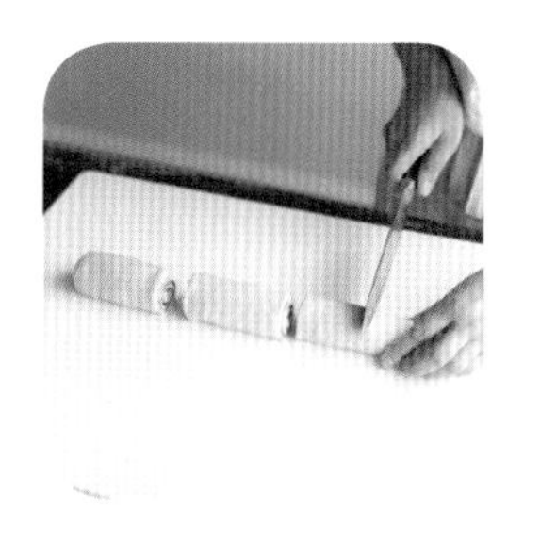

捲完後的麵團，請先長度均一地切成 3 等分，之後每塊再各切成 3 等分。這樣一來，進行烘烤的時候，高度就能整齊劃一。

捲入各式各樣的餡料，
變身成豐盛麵包捲！

How to Make

和P23～25的「肉桂捲」進行同樣的作業。只不過，推揉麵團時，請在邊緣預留2cm的空間，依序均勻鋪上餡料（排列包入的材料）。為了避免進行分切時讓餡料溢出，請從邊緣開始一點一點地確實捲好。

抹茶芝麻紅豆捲

抹茶風味的基底麵團，和紅豆溫和的甜味相當契合。
再加入香氣撲鼻的芝麻，立即呈現出奢華的風味。

● 材料（直徑 20cm 的平底鍋 1 個分量）

〈麵包麵團〉
- 參考 P23「肉桂捲」　全量
- 抹茶　1 小匙

〈餡料〉
- 水煮紅豆　200g
- 黑芝麻粉　2 大匙

防沾用手粉（高筋麵粉）　適量

（⅓量約 493kcal、鹽分 1.3g）

雞蛋塔塔醬風味捲

捲進大量滑嫩的雞蛋塔塔醬。是口感滿分，
受到大家喜愛的一道餐點。

● 材料（直徑 20cm 的平底鍋 1 個分量）

<麵包麵團>

參考 P23「肉桂捲」　全量

<餡料>

水煮蛋切末　3 個分量

巴西里切末　1 大匙

美乃滋　3 大匙

鹽　1 小撮

防沾用手粉（高筋麵粉）　適量

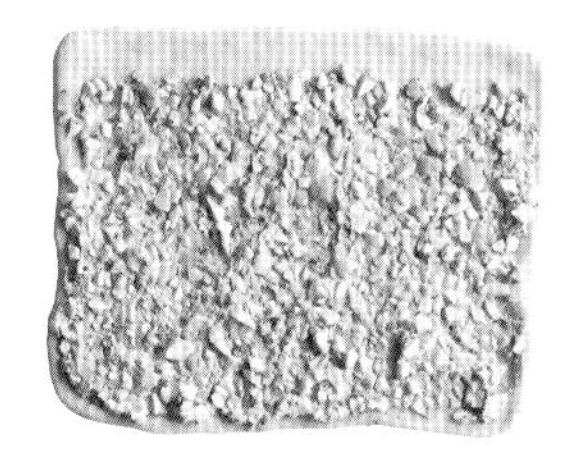

● 餡料的準備

將餡料的材料全部混合在一起。

（⅓量約 465kcal、鹽分 2.0g）

檸檬葡萄乾圓麵包捲

葡萄乾配上酸酸甜甜的蜂蜜檸檬是絕妙的搭檔組合。
奶油恰到好處的鹽味則是扮演了提引風味的任務。

● 材料（直徑 20cm 的平底鍋 1 個分量）

〈麵包麵團〉
參考 P23「肉桂捲」 全量
〈餡料〉
奶油＊ 20g
葡萄乾 140g
〈蜂蜜檸檬〉
檸檬（日本產） ½ 個
蜂蜜 2 大匙

〈點綴〉
左邊清單「蜂蜜檸檬」 ½ 的量
防沾用手粉（高筋麵粉） 適量

＊奶油回溫至常溫，均勻地塗在麵團上。

● 事前準備

檸檬連皮切成圓形薄片後，切末，接著淋上蜂蜜。請預先保留 ½ 的量用來進行點綴所用。

（⅓量約 545kcal、鹽分 1.3g）

咖啡巧克力捲

微苦的咖啡風味基底麵團，和白巧克力的濃醇甜味相當搭配。
烘烤過後溢出的巧克力真是美味無比！

● 材料（直徑 20cm 的平底鍋 1 個分量）

< 麵包麵團 >
參考 P23「肉桂捲」（除了酵母液除外） 全量
< 咖啡酵母液 *>
乾酵母 3g
即溶咖啡（顆粒） 2 大匙
水（常溫） 85g
< 餡料 >
板狀巧克力（白） 3 片（約 120g）

< 點綴 >
< 咖啡糖霜 >
糖粉 25g
咖啡液＊ 1 小匙
防沾用手粉（高筋麵粉） 適量

＊這裡要將麵包麵團使用的酵母液，更換成咖啡酵母液。將水用微波爐加熱，再倒入即溶咖啡溶解。另外取出 1 小匙用來製作咖啡糖霜，剩下的加入乾酵母製作成咖啡酵母液。

● 餡料的準備

將白巧克力切成大塊。

● 點綴

混合咖啡糖霜的材料，用湯匙舀出，像是畫線一般淋在麵包體上。

（⅓量約 582kcal、鹽分 1.2g）

玉米美乃滋風味香腸捲

將香腸作為內餡核心捲起的個性派麵包捲！
玉米×美乃滋的口味，是從小孩到大人都會喜愛的不動招牌滋味。

● 材料（直徑 20cm 的平底鍋 1 個分量）

<麵包麵團>
參考 P23「肉桂捲」　全量

<餡料>
玉米粒（罐裝，倒掉汁液）　160g
美乃滋　2 大匙
作為內餡核心的維也納香腸　4 條

<點綴>
粗粒黑胡椒　少許

防沾用手粉（高筋麵粉）　適量

● 餡料的準備

擦去玉米的水分，淋上美乃滋。

（⅓量約 492kcal、鹽分 2.1g）

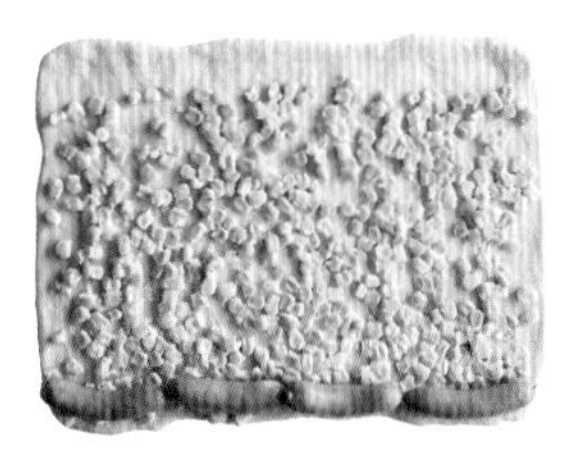

Point

開始進行捲的動作時，就將麵團連同香腸一起捲起。

蔥香魩仔魚竹輪捲

順應潮流的竹輪麵包風！在契合度超高的蔥 x 竹輪的搭檔組合中加入起司，
不管是作為配菜還是下酒菜都非常棒。

● 材料（直徑 20cm 的平底鍋 1 個分量）

<麵包麵團>

參考 P23「肉桂捲」 全量

<餡料>

萬能蔥 10 根

魩仔魚乾 20g

披薩用起司 40g

作為內餡核心的竹輪 3 根

防沾用手粉（高筋麵粉）適量

（⅓量約 404kcal、鹽分 2.3g）

chigiri

4

手撕英式瑪芬

英式瑪芬，其實在家裡就能夠親手完成喔！如果用手撕麵包的形式製作的話，不必使用模具，就能讓成品呈現可愛的花朵形狀！至於正統派的製作訣竅，就在於塗抹在表面的粗玉米粉（corn grits）。這款麵包也能視情況變化成咖啡廳風格的時尚三明治餐點喔。

基本型英式瑪芬

約70分鐘就可完成！

藉由優格的效果，
可以讓麵團更濕潤、Q彈！
在上面塗上粗玉米粉的話，
就能為外部增添酥脆口感和香氣。

● 材料（直徑 20cm 的平底鍋 1 個分量）

<麵包麵團>
- 高筋麵粉　150g
- 低筋麵粉　50g
- 砂糖　1 大匙
- 鹽　½ 小匙
- 奶油　20g
- <優格酵母液>
  - 乾酵母　3g
  - 一般的優格　50g
  - 水（常溫）　80g

粗玉米粉　適量
防沾用手粉（高筋麵粉）　適量

● 事前準備

・在耐熱器皿中倒入製作優格酵母液用的優格和水，不包上保鮮膜、直接放入微波爐加熱 20 秒，約為人體皮膚的溫度（以手指輕觸，如果太熱就稍微放涼）。加入酵母，迅速混合（不必完全溶解也 OK）。
・在耐熱器皿中加入奶油，不包上保鮮膜，以微波爐加熱 20 秒，使奶油軟化。

● 製作方法

step 1　揉捏麵團，塑型成圓球狀！

1 混合材料……

在調理碗中加入除了麵團用奶油以外的材料，用橡膠刮刀將材料攪拌至不帶粉粒狀。用手將麵團揉成一塊，取出並放到作業台上。

2 揉捏！

擠壓麵團，用像是將自身體重施加於上的方式往對側推揉，再往自己這邊摺回堆疊。接著將麵團轉 90 度，重複進行這項作業，直到表面變得光滑大概需要 4 分鐘的揉捏。結束揉捏後，將麵團放回到調理碗中。

3 加入奶油。

將奶油加入步驟 **2** 的麵團中，並將之疊合把奶油包進去。將麵團左右拉伸、讓內側部位露出後再揉回成一團，重複數次，讓奶油充分融入整體。把麵團放到調理台上，如同步驟 **2** 那樣，進行約 4 分鐘左右的揉捏，直到表面呈光滑狀態（雖然一開始會黏手，但搓揉的過程中就會逐漸揉成一團，請不用擔心）。

4 揉成圓球就完成！

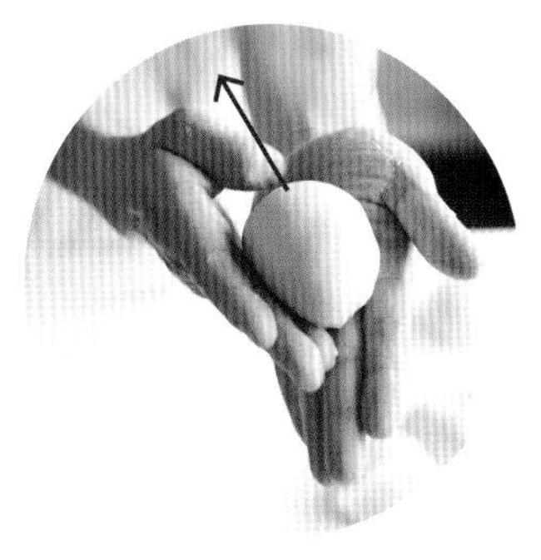

將步驟 **3** 的麵團切成 4 等分，將每份麵團的側緣往中央部分拉，捏緊開口並將之閉合（**a**）。將閉合部分朝下，放在手掌上，另一隻手置於麵團側面把麵團往自己這一側滑動，塑型成表面緊實的圓球。

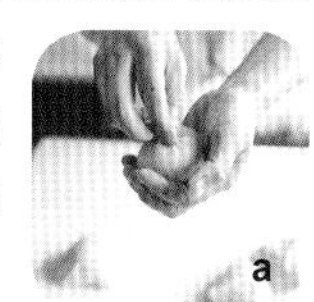

step 2 置於平底鍋中發酵、烘烤！

5 用文火加熱，暫時擱置。

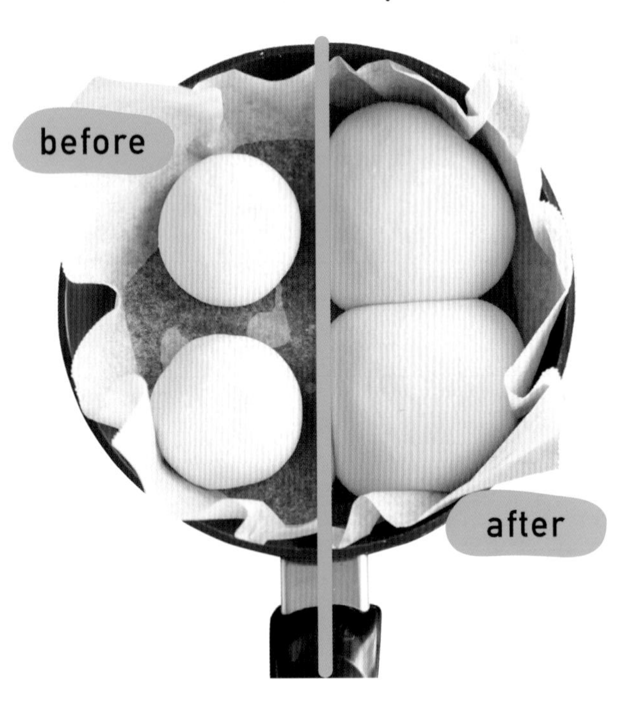

將 1 大匙的水加入直徑 20cm 的平底鍋之中，鋪上烤箱用調理紙。將步驟 **4** 的麵團以閉合處向下的方式擺進鍋子，稍微輕壓、使其平整。蓋上蓋子，以文火（極弱火）加熱 1 分鐘後關火。直到麵團膨脹到 1.5 倍為止，大約要在蓋上鍋蓋的狀態下維持 20 分鐘（一次發酵）。

6 分開麵團、搓圓、塗抹粗玉米粉。

將步驟 **5** 的麵團取出，放在作業台上搓揉疊合，並用手將空氣擠出。將麵團秤重計量，切成 6 等分，在手上沾點防沾用手粉，和步驟 **4** 一樣塑型成球形（參考下方的 Point）。輕壓麵團讓它表面些微扁平，再將整體均勻塗抹上粗玉米粉。

Point

● 發酵和烘烤時，
別忘了蓋上蓋子。

為了保溫和避免乾燥，麵團在進行發酵和烘烤時都要蓋上蓋子。請使用和鍋子尺寸相符的蓋子。

● 分開麵團後，
首先要從側緣往中央部分拉。

在步驟 **6** 中要將麵團塑型成圓球的階段。首先要從側緣部分輕輕地往中央部分拉（接續右頁的 Point）。

7 再次加熱，暫時擱置。

擦去平底鍋和烤箱用調理紙上的水分，將調理紙放回。把步驟 **6** 的麵團閉合處朝上，以中間 1 個、周圍 5 個的方式排列。蓋上蓋子，以文火加熱 1 分鐘後關火。直到麵團膨脹到 1.5 倍為止，大約要在蓋上鍋蓋的狀態下維持 15 分鐘（二次發酵）。

8 將兩面進行烘烤，就大功告成！

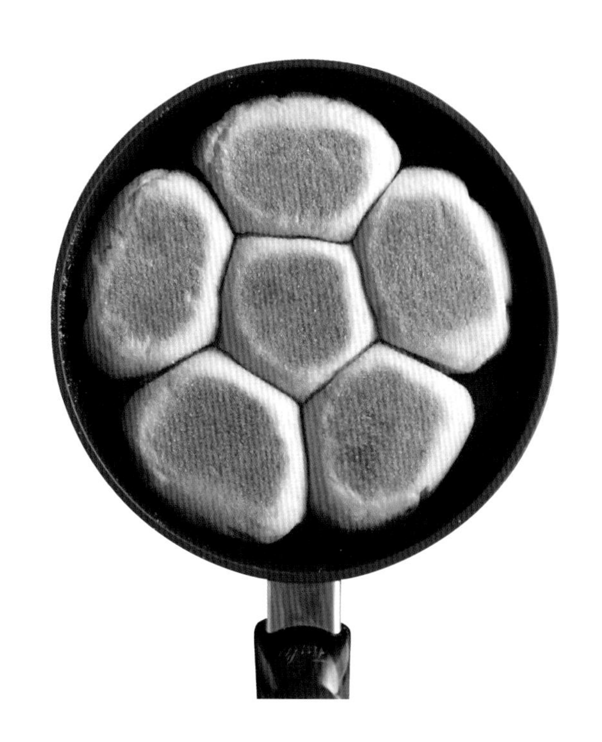

在步驟 **7** 的麵團膨脹之後，就在蓋子蓋上的狀態下開火，烘烤 8 ～ 10 分鐘。接著連同調理紙將麵團取出，放到比平底鍋大一點的盤子上，接下來將平底鍋倒過來蓋住麵團，把盤子和平底鍋一起上下翻轉。拿掉調理紙，蓋上蓋子再以文火烘烤 7 ～ 8 分鐘。最後放到網架上，去除餘熱。

（1/6量約 171kcal、鹽分 0.6g）

● 將麵團塑型成圓球時，要讓表面光滑緊實。

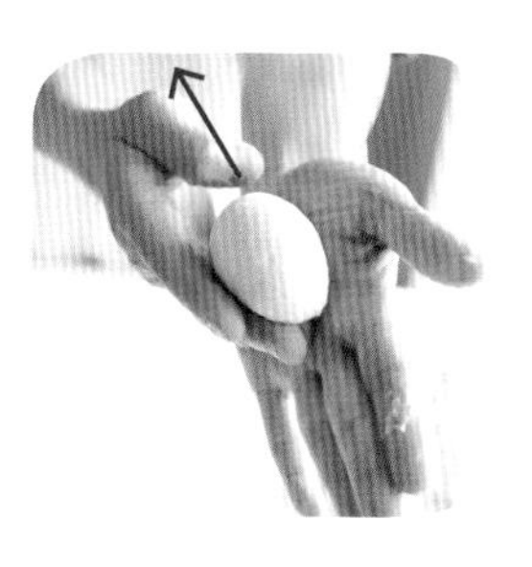

接著，將麵團的閉合處朝下，放在手掌上滑動塑型成圓球。只要讓麵團表面呈現光滑緊實，烘烤後的美感就會更上一層樓！

How to Make

夾入各式各樣的餡料，

變身成瑪芬三明治！

將P33～35製作的1個「基本型英式瑪芬」放涼後，用菜刀橫向對半切開。在作為底座的瑪芬上依序堆疊餡料，接著蓋上另一片瑪芬。為了方便手撕品嚐，每部分的瑪芬都要均衡地擺放餡料。

培根蛋瑪芬

鬆軟綿滑的炒蛋，
加上煎得酥脆的培根，就是王道組合。
將這些熟悉的早餐菜色夾進去吧。

● 材料（P33「基本型英式瑪芬」1個分量）

< 餡料 >

- < 炒蛋 >
  - 蛋液　3個分量
  - 奶油　15g
  - 牛奶　2大匙
  - 鹽　¼小匙
- 番茄切片　6片
- 培根　6片

沙拉油　少許

● 餡料的準備

製作炒蛋。將奶油放入平底鍋，以中火融化，將其餘的材料混合後倒入鍋中，用料理筷大幅攪拌，加熱到半熟狀態。培根對半切開，在平底鍋中以中火加熱沙拉油，將培根兩面煎2分鐘左右。

（⅙量約320kcal、鹽分1.4g）

楓糖香蕉瑪芬

香蕉用奶油微煎出誘人風味。
和香氣豐富的楓糖漿十分相襯。

● 材料（P33「基本型英式瑪芬」1 個分量）

< 餡料 >
< 煎香蕉 >
香蕉　2 條
奶油　10g
楓糖漿　1 大匙
肉桂粉　少許
薄荷葉　少許
< 點綴 >
楓糖漿　適量

● 餡料的準備

製作煎香蕉。將香蕉切成等長的 3 等分，再縱向對半切開。將奶油放入平底鍋，以中火融化，煎烤香蕉的兩面。加入楓糖漿，將香蕉染上焦糖色。最後撕碎薄荷葉再撒上。

（⅙量約 239kcal、鹽分 0.6g）

燻鮭魚瑪芬

鮭魚的鹽味和美乃滋達成巧妙平衡。
檸檬的酸味更是一口氣濃縮了整體風味。

● 材料（P33「基本型英式瑪芬」1 個分量）

< 餡料 >
美乃滋　2 大匙*
皺葉萵苣葉　1～2 片
煙燻鮭魚　90g
檸檬（國產）的薄片　6 片

*均勻地鋪在瑪芬上。

● 餡料的準備

皺葉萵苣撕成適合入口的大小。

（⅙量約 224kcal、鹽分 1.2g）

奶油起司香橙瑪芬

多汁的柳橙綻放出清爽氣息！活用粗粒黑胡椒的辣味，
讓這款麵包呈現出大人的成熟風味。

● 材料（P33「基本型英式瑪芬」1個分量）

<餡料>

奶油起司　80g
柳橙　1個
蜂蜜　1又½大匙
粗粒黑胡椒　少許

● 事前準備

將柳橙皮連同白膜部分一起剝除，切成寬1cm左右的圓片。（⅙量約240kcal、鹽分0.7g）

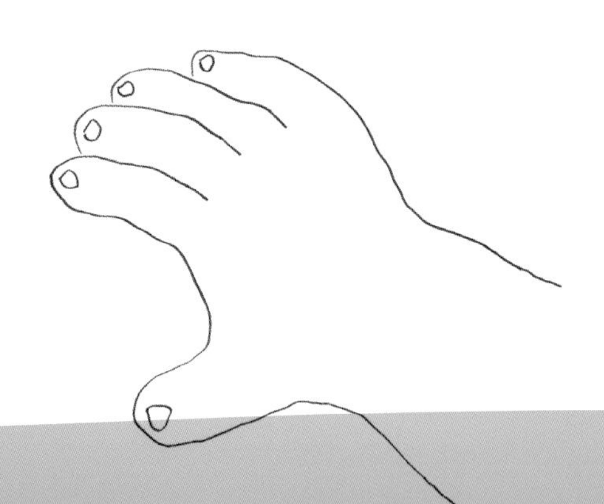

生火腿瑪芬

生火腿和帶有溫和酸味的醃紅蘿蔔絲很搭。
香氣十足的核桃也在風味和口感等層面大大加分。

● 材料（P33「基本型英式瑪芬」1個分量）

< 餡料 >

< 醃紅蘿蔔絲 >

紅蘿蔔絲　1根分量
橄欖油　1又½大匙
檸檬汁　½大匙
蜂蜜　1小匙
粗粒黑胡椒　少許
鹽　適量

生火腿　6片
平葉巴西里　適量
核桃（烘烤過，無鹽）　20g

● 餡料的準備

製作醃紅蘿蔔絲。將紅蘿蔔撒上少許鹽，放置2～3分鐘，變軟後，加入檸檬汁和蜂蜜快速攪拌。再加入橄欖油、粗粒黑胡椒混拌，並放入少許鹽提味。將核桃大致切碎，巴西里則是撕成適合入口的大小。

（⅙量約257kcal、鹽分1.0g）

用瑪芬來做熱三明治！

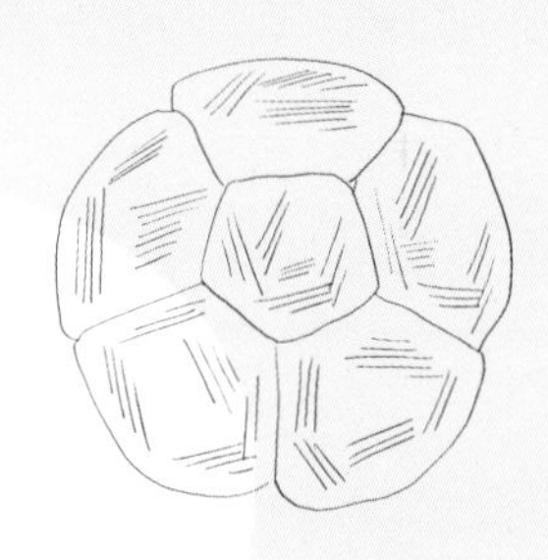

在基本型瑪芬中夾入餡料，再經過烘烤之後就能輕鬆完成。
用錫箔紙包起來烘烤，不僅能讓內部確實熟透，烹調時還
能方便翻轉，真是一石二鳥！

酪梨火腿起司熱三明治

用熱熱的餡料顯出另一種不同風味的熱三明治。
加熱後的酪梨，口感會變得更柔軟滑順。

● 材料（P33「基本型英式瑪芬」1個分量）

＜餡料＞
煙燻火腿　3片
切達起司（片狀）　3片
酪梨　½個
醃漬小黃瓜　6塊（約30g）
橄欖油　適量
法式芥末醬　1大匙

● 事前準備

- 英式瑪芬放涼後，用菜刀橫向對半切開。
- 火腿、起司也一起對半切開。
- 酪梨剝皮、去籽，橫向切成薄片。
- 醃漬小黃瓜縱向切成薄片。

1 將餡料疊上，蓋起。

展開50cm左右大小的錫箔紙，將瑪芬放在中央。用刷子在瑪芬整體表面薄薄塗上一層橄欖油（**a**）。作為底座的瑪芬切面塗上黃芥末醬，再將餡料依序堆疊擺上，再將另一片瑪芬蓋上。用錫箔紙確實包起。

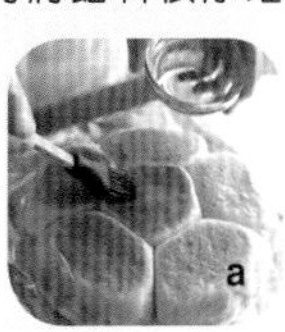
a

2 烘烤！

以弱火加熱方形烤鍋（沒有的話也可使用平底鍋），將步驟**1**的瑪芬放入。用盤子之類的從上方蓋上，烘烤5～6分鐘，接著上下反轉，一樣再烘烤5～6分鐘。

（⅙量約264kcal、鹽分1.1g）

chigiri

5

手撕佛卡夏

將佛卡夏做成像是能享受手撕樂趣的披薩那樣的三角形。只要在烘烤前延展麵團，再用剪刀剪成放射狀就可以了。滲入橄欖油風味與恰到好處鹽味的麵包風味，最適合拿來當下酒菜了！

橄欖佛卡夏

只需要發酵 1 次，
搓揉也只要在調理碗中
進行的方便程序令人開心！
兼具酥脆和鬆軟口感的麵包體上，
放滿了大量的橄欖。

● 材料（直徑 20cm 的平底鍋 1 個分量）

<麵包麵團>
高筋麵粉　160g
砂糖　2 小匙
鹽　⅔ 小匙
橄欖油　2 大匙
<酵母液>
乾酵母　3g
水（常溫）　100g
<餡料>
橄欖（綠、黑，去籽）　各 5 顆
橄欖油　適量

約50分鐘就可完成！

● 事前準備

・將橄欖切薄片。
・在耐熱器皿中倒入製作酵母液用的水，不包上保鮮膜、直接放入微波爐加熱 10 秒，約為人體皮膚的溫度（以手指輕觸，如果太熱就稍微放涼）。加入酵母，迅速混合（不必完全溶解也 OK）。

● 製作方法

step 1 ｜ 揉捏麵團，塑型成圓球狀！

1 混合材料……

在大調理碗中加入除了麵團用橄欖油以外的材料，用橡膠刮刀將材料攪拌至不帶粉粒狀。

2 揉捏！

在調理碗中揉捏麵團。將麵團對摺，再用手掌去推揉，重複進行這項作業，直到麵團成形大約需要 2 分鐘的揉捏。

3 加入橄欖油。

將橄欖油加入步驟 **2** 的麵團中。麵團沾上橄欖油後，將麵團左右拉伸、讓內側部位露出後再揉回成一團，重複數次，讓橄欖油充分融入整體。和步驟 **2** 時相同，橄欖油充分融入麵團，大約需要 2～3 分鐘的揉捏（表面仍然凹凸不平也無妨）。

a

4 揉成圓球就完成！

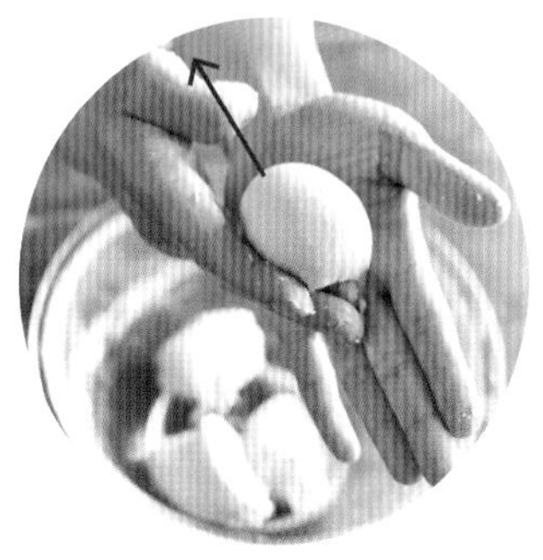

將步驟 **3** 的麵團切成 4 等分，將每份麵團的側緣往中央部分拉，捏緊開口並將之閉合（**b**）。將閉合部分朝下，放在手掌上，另一隻手置於麵團側面把麵團往自己這一側滑動，塑型成表面緊實的圓球。

b

step 2 置於平底鍋中發酵、烘烤！

5 用文火加熱，暫時擱置。

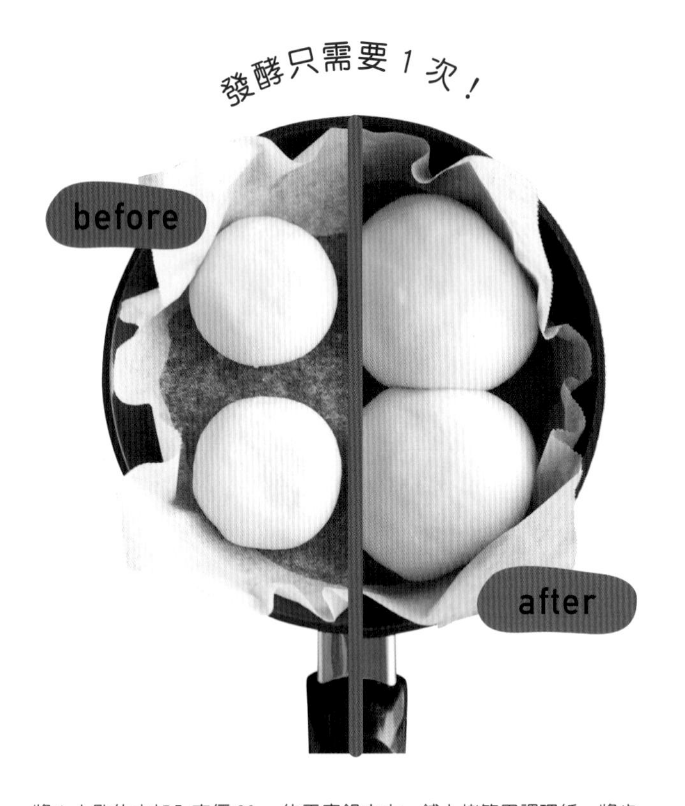

將 1 大匙的水加入直徑 20cm 的平底鍋之中，鋪上烤箱用調理紙。將步驟 **4** 的麵團以閉合處向下的方式擺進鍋子，稍微輕壓、使其平整。蓋上蓋子，以文火（極弱火）加熱 1 分鐘後關火。直到麵團膨脹到 1.5 倍為止，大約要在蓋上鍋蓋的狀態下維持 20 分鐘（發酵）。

6 延展麵團，剪成數塊。

將步驟 **5** 的麵團取出，放在作業台上搓揉疊合，並用手將空氣擠出。擦去平底鍋和烤箱用調理紙上的水分，將調理紙放回。在手上抹一層薄薄的橄欖油，將麵團放入平底鍋中，配合鍋子的大小去揉推麵團（參考下方照片），之後連同調理紙一起取出。在廚房剪刀的刀刃上塗上一層薄薄的橄欖油，以放射狀的方式剪成 8 等分。

Point

● **發酵和烘烤時，別忘了蓋上蓋子。**

為了保溫和避免乾燥，麵團在進行發酵和烘烤時都要蓋上蓋子。請使用和鍋子尺寸相符的蓋子。

● **揉推延展麵團時，要配合平底鍋的大小。**

在步驟 **6** 中，要用指尖一點一點地去揉推麵團，將麵團延展至平底鍋的大小。請從中央往邊緣擴散、厚度均等地去延展。

7 放上餡料。

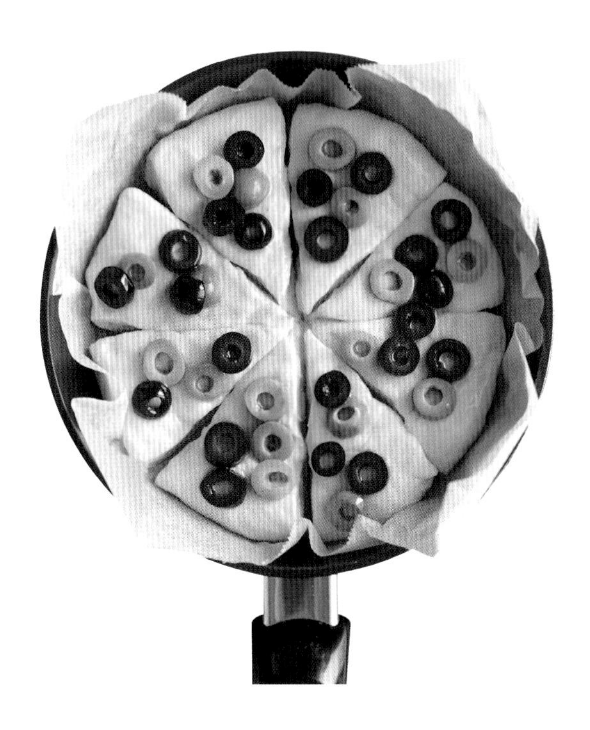

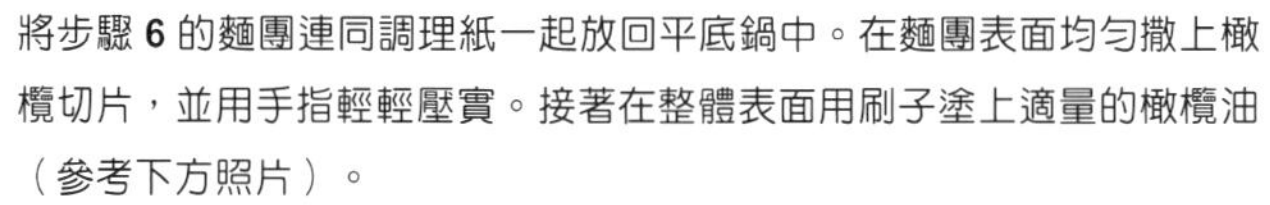

將步驟 **6** 的麵團連同調理紙一起放回平底鍋中。在麵團表面均勻撒上橄欖切片，並用手指輕輕壓實。接著在整體表面用刷子塗上適量的橄欖油（參考下方照片）。

8 將兩面進行烘烤，就大功告成！

將步驟 **7** 的平底鍋在蓋子蓋上的狀態下開火，烘烤 9 ～ 12 分鐘。接著連同調理紙將麵團取出，放到比平底鍋大一點的盤子上，接下來將平底鍋倒過來蓋住麵團，把盤子和平底鍋一起上下翻轉。拿掉調理紙，蓋上蓋子再以文火烘烤 7 ～ 9 分鐘。最後以餡料那一片朝上的方向放到網架上，去除餘熱。

（¼ 量約 227kcal、鹽分 1.1g）

● 烘烤之前要塗上橄欖油，烤出絕佳成果。

在進行烘烤之前，要用刷子將橄欖油塗在麵團和餡料的表面。麵團和餡料會因此上了一層護膜，烤出更棒的顏色與風味。

疊上各式各樣的餡料，
變身成香氣撲鼻的佛卡夏！

How to Make

和P43～45的「橄欖油佛卡夏」進行同樣的作業。只不過，會更換麵團上擺放的餡料。分切麵團之後，將餡料依序隨意鋪在表面全體，並用手指輕輕壓實。進行烘烤之前，不要忘記要塗上橄欖油。

番茄
迷迭香佛卡夏

充分烘烤過的番茄能將甜味一舉凝聚，展現出奢華風味。添加的迷迭香更是散發出清爽氣息。

● 材料（直徑 20cm 的平底鍋 1 個分量）

<麵包麵團>

參考 P43「橄欖油佛卡夏」　全量

<餡料>

小番茄　12 個

迷迭香葉　1 枝分量

鹽　少許

橄欖油　適量

● 餡料的準備

去除小番茄的蒂頭，橫向對半切開。

（¼ 量約 227kcal、鹽分 1.1g）

櫛瓜起司佛卡夏

烤得恰到好處的櫛瓜會增加甘甜，變得更美味。
融化的起司則是焙烘烤得像是脆脆的「翅膀」那樣。

● 材料（直徑 20cm 的平底鍋 1 個分量）

<麵包麵團>

- 參考 P43「橄欖油佛卡夏」　全量

<餡料>

- 洋蔥切末　⅛顆的分量
- 櫛瓜　⅓條
- 加工起司　35g
- 鹽　少許

橄欖油　適量

● 餡料的準備

櫛瓜切成 5cm 寬的半月形，起司切成 1cm 小塊。

（¼ 量約 252kcal、鹽分 1.4g）

蘑菇彩椒佛卡夏

擺上鮮味滿點的蘑菇和舞菇。
並且使用兩種顏色的彩椒，讓視覺效果更鮮豔多彩。

● 材料（直徑 20cm 的平底鍋 1 個分量）

< 麵包麵團 >
參考 P43「橄欖油佛卡夏」　全量

< 餡料 >
蘑菇　3 個
舞菇　⅓包（約 35g）
彩椒（紅、黃）　各⅛個
鹽　少許

橄欖油　適量

● 餡料的準備

將舞菇大致切碎。蘑菇去除菇柄，縱切成薄片。彩椒去除蒂頭和籽，橫向對半切開，再縱切成薄片。

（¼ 量約 224kcal、鹽分 1.1g）

鵪鶉蛋香腸佛卡夏

鮮美多汁的香腸與鵪鶉蛋的組合非常相襯。
撒上咖哩粉，增添刺激食慾的辛香料風味。

● 材料（直徑 20cm 的平底鍋 1 個分量）

< 麵包麵團 >
參考 P43「橄欖油佛卡夏」　全量

< 餡料 >
維也納香腸　3 條
水煮鵪鶉蛋　4 個
咖哩粉、鹽　各少許

< 點綴 >
咖哩粉　少許

橄欖油　適量

● 餡料的準備

香腸斜切成 5cm 寬，鵪鶉蛋縱向對半切開。

（¼ 量約 285kcal、鹽分 1.4g）

洋芋培根佛卡夏

做成法式烘餅風格的酥酥馬鈴薯，好吃到讓人停不下手！
將培根細切，就能烘烤得酥脆又香氣四溢。

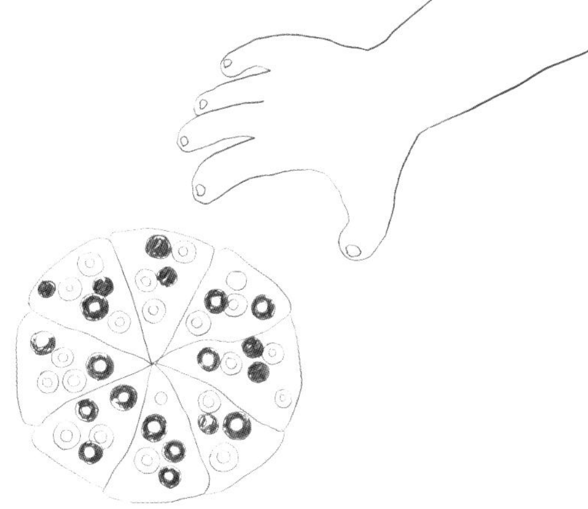

● 材料（直徑 20cm 的平底鍋 1 個分量）

<麵包麵團>
參考 P43「橄欖油佛卡夏」　全量

<餡料>
培根　2 片
馬鈴薯　½ 個
鹽、粗粒黑胡椒　各少許

<點綴>
粗粒黑胡椒　少許

橄欖油　適量

● 餡料的準備

馬鈴薯連皮一起充分洗乾淨，再和培根一起細切。

（¼ 量約 269kcal、鹽分 1.2g）

用佛卡夏來做披薩！

利用佛卡夏來替代製作披薩用的麵團是最合適的。先烘烤一面之後，再來烘烤放有餡料的那一面。柔軟化開的起司，會讓各位在無意識之間就伸出手去拿！

番茄鯷魚披薩

鯷魚的鹽味與鮮味，是決定這道料理味道的關鍵所在。
蘆筍則扮演了提供咬勁的任務。

● 材料（直徑 20cm 的平底鍋 1 個分量）

<麵包麵團>
參考 P43「橄欖油佛卡夏」　全量

<餡料>
市售的披薩醬料　1 又 ½ ～ 2 大匙
綠蘆筍　1 根
番茄丁　½ 個的分量
鯷魚（魚片）　2 ～ 3 片
披薩用起司　30g
巴西里切末　少許

橄欖油　適量

● 事前準備

・切除蘆筍根部堅硬的部分，縱向對半切開，最後切成 3cm 的長度。
・鯷魚撕成小塊。

1 將餡料疊上……

和 P43 ～ 45「橄欖油佛卡夏」的步驟 **1** ～ **8** 一樣。只不過，步驟 **7** 不要放上餡料，而是先在麵團表面用刷子塗上適量的橄欖油。接下來，於步驟 **8** 烘烤麵團的其中一面，然後上下反轉，再依序鋪上各種餡料材料。

2 烘烤！

蓋上蓋子，用文火烘烤 7 ～ 9 分鐘。（¼ 量約 258kcal、鹽分 1.4g）

chigiri

加入美式鬆餅粉製作！

手撕司康

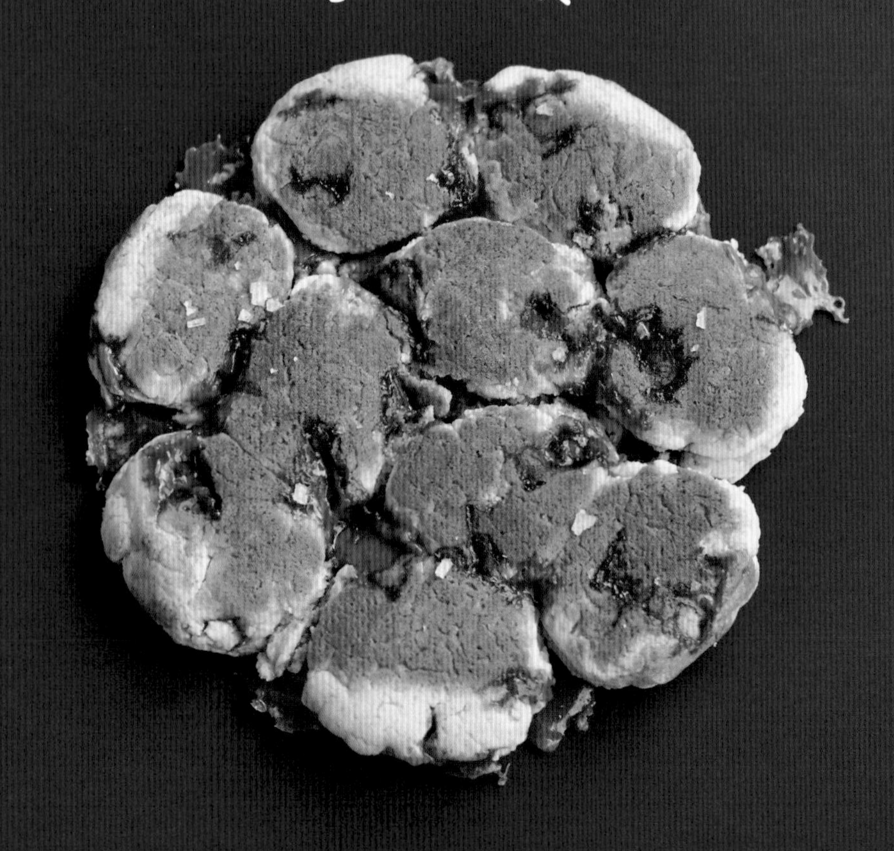

若是想輕鬆愜意地享受手撕麵包的烘焙樂趣，美式鬆餅粉就能在這時大放異彩！不必進行揉捏、也不用經過發酵就可以完成。宛如蛋糕一般擁有濕潤口感，像是會在嘴裡融化散開的司康。圓圓的形狀也很適合跟大家分享♪

鹽味焦糖司康

約30分鐘就可完成！

像是用刀切那樣將冷卻的奶油混拌，
形成滑嫩的口感。
焦糖風味會被鹽引出，
呈現讓人上癮的甜鹹味道！

● 材料（直徑 20cm 的平底鍋 1 個分量）

<麵包麵團>

- 美式鬆餅粉　250g
- 奶油　55g
- 牛奶　4 大匙

<餡料>

- 焦糖　100g

鹽（粗粒）　適量
防沾用手粉（低筋麵粉）　適量

● 事前準備

- 奶油和焦糖都切成 1cm 小塊。

● 製作方法

用杯子塑型，烘烤！

1 混合材料……

在調理碗中加入美式鬆餅粉和奶油。用切刀將奶油細切，直到呈現肉鬆狀、奶油充分和鬆餅粉融合為止。加入牛奶，用切刀繼續混拌，讓整體均勻融合。接著將焦糖和一小撮鹽放入，快速攪拌（**a**）。

a

2 用杯子塑型！

將步驟 **1** 的麵團揉合成一團，放到作業台上，用擀麵棍擀成厚 2cm 左右。接著在口徑 6cm 的杯子（或是烤皿）的杯口抹上防沾用手粉，當作模具壓上麵團取得塑型。取出後的切口部分摺回，再次用擀麵棍延展，繼續取得 10 個塑型麵團（最後將剩下的麵團擀成薄片，疊在剛剛取得的塑型麵團上）。

3 排進平底鍋中，進行烘烤。

在直徑 20cm 的平底鍋中放入烤箱用調理紙，將步驟 **2** 取得的麵團以中央 3 個、周圍 7 個的方式排列。蓋上蓋子，以文火（極弱火）加熱 10 ～ 20 分鐘。接著連同調理紙將麵團取出，放到比平底鍋大一點的盤子上。

4 烘烤兩面就完成！

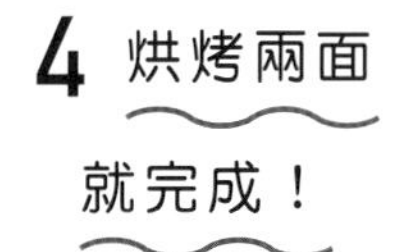

將步驟 **3** 的麵團放到另一張調理紙上（**b**），將平底鍋倒過來蓋住麵團，把盤子和平底鍋一起上下翻轉。接著只拿掉上方的調理紙，蓋上蓋子，以文火加熱 4 ～ 5 分鐘。最後連同調理紙將麵團取出，放到網架上，去除餘熱。再撒上少許的鹽。

（⅙量約 359kcal、鹽分 1.0g）

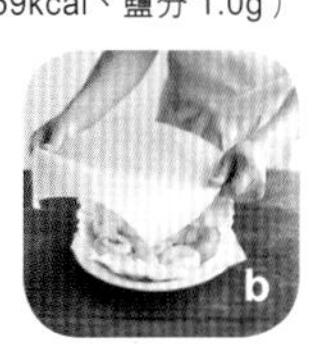

b

混合各式各樣的餡料，
變身成甜～蜜蜜的司康！

How to Make

和P53的「鹽味焦糖司康」進行同樣的作業。只不過，要改變跟麵團混合的餡料。混合製作麵包麵團的材料之後，將所有製作餡料的材料加入，快速攪拌。當麵團變成一顆一顆的狀態時就OK了！

彩色巧克力司康

放上許多顏色五彩繽紛的巧克力。
光是看外觀就令人感到開心，想在點心時間
炒熱氣氛時不可或缺的一道料理 ♪

● 材料（直徑 20cm 的平底鍋 1 個分量）

〈麵包麵團〉
- 參考 P53「鹽味焦糖司康」　全量

〈餡料〉
- 彩色巧克力　60g

防沾用手粉（低筋麵粉）　適量

（1/5量約 333kcal、鹽分 0.7g）

奶茶司康

紅茶的部分也會將茶葉一起混拌進麵團，
展現出芳香高雅的風味。

● 材料（直徑 20cm 的平底鍋 1 個分量）

<麵包麵團>
參考 P53「鹽味焦糖司康」（牛奶除外） 全量

<餡料>
<紅茶液>
個人喜愛的紅茶茶葉 2 小匙
牛奶 3 大匙
水 2 大匙

<點綴>
<紅茶糖霜>
糖粉 25g
紅茶液＊ 1 小匙
杏仁片（烘烤過） 10g

防沾用手粉（低筋麵粉） 適量

● 餡料的準備

將製作紅茶液的茶葉和水放入耐熱器皿內，寬鬆地蓋上保鮮膜，用微波爐加熱 1 分鐘。之後取出 1 小匙作為製作紅茶糖霜所用＊，剩下的加入牛奶混合。

● 點綴

混合製作紅茶糖霜的材料，用湯匙均勻淋在麵包體上。再撒上杏仁片。

（⅕量約 304kcal、鹽分 0.7g）

花生奶油司康

以風味濃甜的花生奶油為基底，
添加香氣撲鼻的堅果，更進一步地帶出味覺深度。

● 材料（直徑 20cm 的平底鍋 1 個分量）

<麵包麵團>
參考 P53「鹽味焦糖司康」（牛奶除外） 全量

<餡料>
綜合堅果（烘烤過，無鹽） 60g
花生奶油（含糖） 3 大匙

防沾用手粉（低筋麵粉） 適量

● 餡料的準備

將綜合堅果大致切碎。 （⅕量約 413kcal、鹽分 0.8g）

蔓越莓綠茶司康

在視覺觀感鮮明的抹茶麵團上，鋪上蔓越莓和葡萄乾。
讓苦味和酸味巧妙地結合在一起。

● 材料（直徑 20cm 的平底鍋 1 個分量）

<麵包麵團>
- 參考 P53「鹽味焦糖司康」　全量
- 抹茶　½ 大匙＊

<餡料>
- 蔓越莓乾　30g
- 葡萄乾　30g

<點綴>
- 板狀巧克力（白）　1 片（約 40g）
- 抹茶　½ 小匙

防沾用手粉（低筋麵粉）　適量

● 餡料的準備

將白巧克力切碎，放入耐熱器皿中，不蓋上保鮮膜，放入微波爐加熱 30 秒。接著用湯匙攪拌使之徹底融化，再加入抹茶、充分混拌。最後用湯匙舀起，像畫線那樣淋在麵包體上。

（⅕量約 361kcal、鹽分 0.7g）

＊事先跟美式鬆餅粉混合。

Point

如果巧克力沒有完全融解化開，在加入抹茶之前，以每次 10 秒的幅度，視情況進行再次加熱。

棉花糖餅乾司康

在進行烘烤之前就放上棉花糖作為裝飾點綴。當棉花糖加熱化開之後，
會和酥脆的餅乾相互結合，形成讓甜點愛好者都為之驚嘆的甜蜜組合！

● 材料（直徑 20cm 的平底鍋 1 個分量）

<麵包麵團>
參考 P53「鹽味焦糖司康」　全量

<餡料>
奶油可可夾心餅乾　50g

<點綴>
棉花糖　40g

防沾用手粉（低筋麵粉）　適量

● 餡料的準備

將餅乾切成小塊。

● 點綴

棉花糖切成 1.5cm 小塊。先烘烤麵團其中一面，接著上下反轉，鋪上棉花糖，再烘烤放有餡料的這一面。

（1/5量約 349kcal、鹽分 0.8g）

Point

和 P53 的步驟 **4** 相同，蓋上蓋子進行烘烤，讓棉花糖融化。

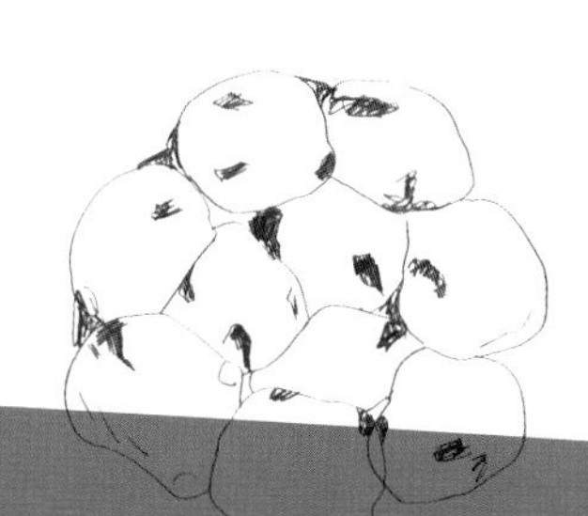

chigiri

加入美式鬆餅粉製作！

手撕蒸麵包

將帶有懷舊風格的蒸麵包大幅變化成可愛的花圈形狀！飽滿圓胖又富有彈力的咬勁帶來很棒的口感享受。因為使用了美式鬆餅粉，所以只要花費 20 分鐘左右就能完成。是一道臨時想到就能馬上著手製作的點心。

約20分鐘就可完成！

蘋果蒸麵包

將材料加熱一次後，
就將整個麵團拿去蒸！
能夠從中品嚐到飽滿彈牙的口感
和蘋果的溫和酸味。

● 材料（直徑 20cm 的平底鍋 1 個分量）

<麵包麵團>
- 美式鬆餅粉　250g
- 水　4 大匙
- 沙拉油　2 大匙

<餡料>
- 蘋果　½ 個

防沾用手粉（低筋麵粉）　適量

● 事前準備

・蘋果連皮徹底清洗，去除蘋果核，切成 1cm 小塊（淨重 80g）。

● 製作方法

塑型成圓球狀，蒸煮！

1 混合材料……

在調理碗中加入製作麵團與餡料的材料，用橡膠刮刀將材料攪拌至不帶粉粒狀。用手將麵團揉捏數次，揉合成一塊。

2 塑型成圓球！

將步驟 **1** 的麵團分成 10 等分。在手上沾點防沾用手粉，用手掌心去塑型成圓球。

3 排列在平底鍋內。

在直徑 20cm 的平底鍋中倒入 1 杯熱水，在裡面鋪上 30cm 大小的方形烤箱用調理紙（小心燙傷）。將步驟 **2** 的麵團沿著平底鍋邊緣排列。將調理紙的對角兩兩用釘書針固定，蓋上蓋子（**a**）。

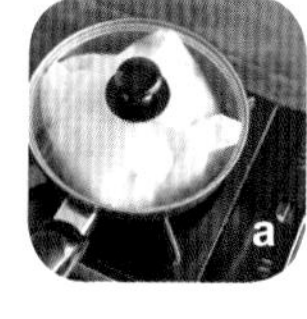

4 蒸過之後就完成了！

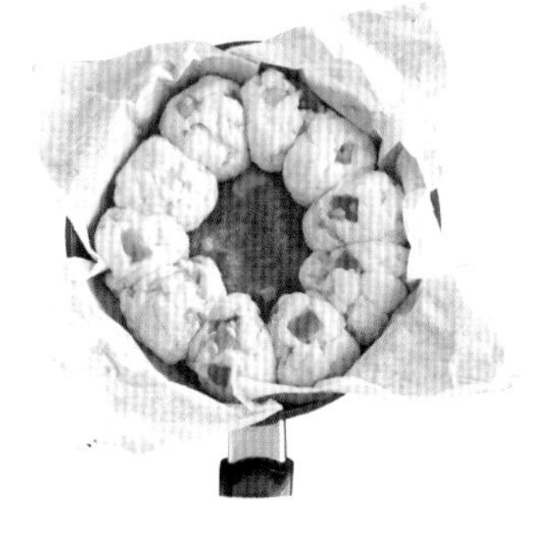

以中火加熱步驟 3 的平底鍋。當鍋中的水沸騰後，再加熱 1 分鐘，之後轉文火（極弱火）蒸 12 分鐘。最後打開調理紙，連同調理紙將麵團取出，放到網架上，去除餘熱。

（⅕量約 242kcal、鹽分 0.5g）

How to Make

和P59的「蘋果蒸麵包」進行同樣的作業。只不過，要改變跟麵團混合的餡料。將製作麵包麵團和餡料的材料全部放進調理碗，充分混拌。不要讓餡料自成一團，要充分融入麵團整體。

混合各式各樣的餡料，

變身成色彩多變的蒸麵包！

南瓜蒸麵包

將南瓜搗成泥再跟麵團混合，
就能染上可愛的黃色。
風味是溫和又平易近人的甘甜。

● 材料（直徑20cm的平底鍋1個分量）

<麵包麵團>

參考P59「蘋果蒸麵包」　全量

<餡料>

南瓜　1/10個（淨重100g）

防沾用手粉（低筋麵粉）　適量

● 餡料的準備

南瓜切成一口大小，去皮，放入耐熱器皿中。寬鬆地蓋上保鮮膜，用微波爐加熱2分鐘。再用叉子等器具將之搗碎。

（1/5量約246kcal、鹽分0.5g）

番茄玉米蒸麵包

用番茄汁取代水，活用其淡淡的鹽味。
再用切碎的青花菜增添色彩。

● 材料（直徑 20cm 的平底鍋 1 個分量）

< 麵包麵團 >

參考 P59「蘋果蒸麵包」（水除外） 全量

番茄汁（無鹽） 4 大匙

< 餡料 >

玉米粒（罐裝，倒掉汁液） 50g

青花菜 30g

防沾用手粉（低筋麵粉） 適量

● 餡料的準備

擦去玉米的水分。將青花菜分成小朵，大致切碎。

（1/5 量約 240kcal、鹽分 0.6g）

芝麻地瓜蒸麵包

地瓜樸實的甜味和熱騰騰的口感，相當令人著迷。
一放入口中，芝麻的香氣也瞬間發散開來。

● 材料（直徑 20cm 的平底鍋 1 個分量）

< 麵包麵團 >

參考 P59「蘋果蒸麵包」 全量

< 餡料 >

地瓜 ⅓ 條（約 100g）

黑芝麻 1 大匙

< 點綴 >

蜂蜜 適量

防沾用手粉（高筋麵粉） 適量

● 餡料的準備

將地瓜連皮充分洗淨，切成 1cm 的小塊，浸在水中 5 分鐘。擦去水分後，放入耐熱器皿，寬鬆地蓋上保鮮膜，用微波爐加熱 2 分鐘。

（1/5 量約 291kcal、鹽分 0.5g）

可可核桃蒸麵包

可以享受可可麵團的微苦，以及芳香核桃出色的口感。
要不要把這款麵包列入下午茶時光的菜單呢？

● 材料（直徑 20cm 的平底鍋 1 個分量）

< 麵包麵團 >

參考 P59「蘋果蒸麵包」（水除外）　全量
可可粉　2 大匙*
水　4 又⅓大匙

< 餡料 >

核桃（烘烤過，無鹽）　50g
防沾用手粉（低筋麵粉）　適量

*事先跟美式鬆餅粉混合。

● 餡料的準備

將核桃大致切碎。

（1/5 量約 302kcal、鹽分 0.5g）

用蒸麵包來做肉包！

小小肉包

將冷凍燒賣在冷凍狀態下就包進麵團！
立刻變身成燒賣風的肉包！

● 材料（直徑 20cm 的平底鍋 1 個分量）

<麵包麵團>
參考 P59「蘋果蒸麵包」　全量

<餡料>
市售的冷凍燒賣　10 個

防沾用手粉（低筋麵粉）　適量
日式黃芥末醬、醬油　各適量

1 延展麵團……

像 P59「蘋果蒸麵包」的步驟 **1** 那樣製作麵團（但是不要混入餡料），再分成 10 等分。在手上沾點防沾用手粉，將麵團輕輕塑型成圓球狀，再延展成直徑 8cm 的麵團。

2 包進燒賣，蒸煮！

將步驟 **1** 的每個麵團包入 1 個冷凍燒賣（**a**），再用手掌心塑型。像 P59 的步驟 3 ～ 4 那樣，將閉合處朝下排列，並開始蒸煮。完成後可再搭配日式黃芥末醬、醬油享用。

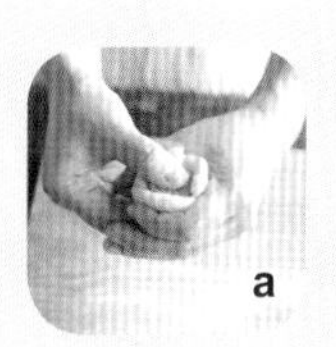
a

（1/5量約 286kcal、鹽分 1.1g）

從訣竅到享受製作樂趣　平底鍋手撕麵包的

該用什麼平底鍋材適合呢？

請準備直徑 20cm，高度 4cm 以上的款式！

直徑 20cm 的尺寸是能夠讓麵團整體均勻受熱的最佳尺寸。本書中的全部食譜都是使用直徑 20cm 的平底鍋。如果平底鍋的內部側緣接近垂直（底面沒有內縮）的話，就能烤出漂亮的形狀。不管使用的是鍋身較薄的還是鍋身較厚的，都沒有關係。選擇沒有施以鐵氟龍加工的鑄鐵鍋等鐵製鍋具也能夠製作。但烘烤上色的情況會有所差異，因此請視情況調整烘烤的時間。鍋蓋則是以略帶圓弧頂、沒有通氣孔的款式為佳。

麵團無法順利地膨脹……！為什麼呢？

或許是因為酵母液的溫度太高，或是發酵時過度加熱等原因。

為了促使酵母作用活躍，用於酵母液的水或優格要靠微波爐加熱升溫。但是，只要超過 45℃，反而會成為導致活躍度降低的原因。用指尖輕觸，如果溫度太高，請於加入乾酵母之前靜置降溫。
此外，如果在發酵階段過度加熱，麵團可能在膨脹之前就燒焦了。這裡的加熱目的，在於提升平底鍋中的溫度，幫助酵母作用活躍。請遵循使用文火（極弱火）調整以及 1 分鐘的加熱時間原則。用手指輕觸平底鍋的側面，如果覺得有些熱，就是適當的溫度。如果麵團在這階段受熱，雖然就這樣繼續烤下去也不是不行，但會形成偏硬的口感。

Q 可以冷凍保存嗎？

幾乎所有的手撕麵包，都能在完成的狀態下進行冷凍保存！

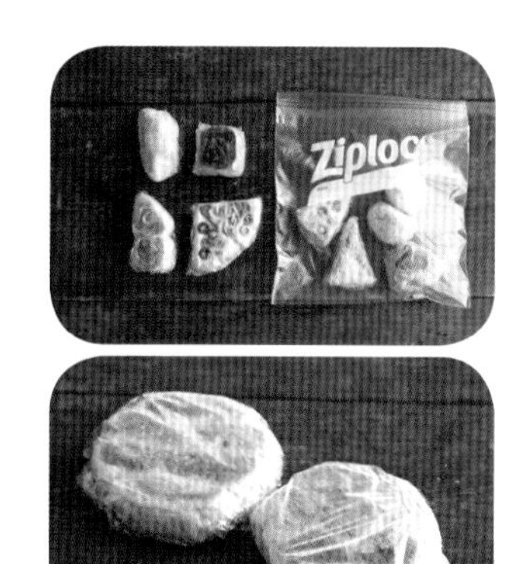

除了「熱狗麵包三明治」或「瑪芬三明治」等使用不適合冷凍食材的類型之外，其他的都可以冷凍保存。剛完成的狀態，冷凍保存的期間大約是 3 週左右。待去除餘熱後用保鮮膜包起，再放入可密封的保存袋中，收進冷凍庫。要吃的時候，就從冷凍庫中拿出來解凍，放入容器並寬鬆地蓋上保鮮膜，再用微波爐加熱（1～2 份的話大約加熱 20 秒，若是完整的一大份，則是先加熱 40 秒，之後上下反轉，再加熱 20 秒左右）即可。

Q 可以做出更大的尺寸嗎？

請使用直徑 26cm 的平底鍋，可做出 1.5 倍大小的成品！

下列舉出的手撕麵包，只要將食譜中的麵團分量增加 1.5 倍，並且使用直徑 26cm 的平底鍋，就能烤出 1.5 倍大小的成品！至於揉捏時間跟烘烤時間也都變成 1.5 倍，只有發酵時間仍依照食譜所示即可。關於麵團的分切與排列方式，請參考下表。若是製作變化款式的場合，餡料的分量也要變成 1.5 倍。

頁次・品項	分切與排列方式
P08～ 手撕熱狗麵包	麵團分切成 4 等分，其中一份再分切成兩份。小的麵團延展成 13cm 長、大的麵團則是延展成 26cm 長的棒狀。
P22～ 手撕麵包捲	用擀麵棍將麵團擀成 25x45cm 的尺寸，再將之捲起。捲完之後，分切成 12 等分。
P32～ 手撕英式瑪芬	將麵團分切成 9 等分，再各自塑型成圓球狀。
P42～ 手撕佛卡夏	將麵團配合平底鍋尺寸大小延展，再用廚房剪刀剪成 12 等分的放射狀。

PROFILE

高山和恵

料理研究家。葡萄酒侍酒師。特別喜愛美味的餐食和酒。從小菜到下酒菜，創作了許多讓人想加入清單中的食譜，獲得廣大好評。以書籍、雜誌、廣告等領域為中心活躍中。在近著『不需要烤箱&模具！平底鍋烤出香軟手撕麵包』(瑞昇文化)之中，構想出不論是誰都能輕鬆享受烘焙樂趣的「平底鍋手撕麵包」。在本書中，更將之衍生出7種變化類型。在不論什麼配料都想捲進去看看的麵包捲之中，感受到無限的可能性。

TITLE

平底鍋搞定香Q手撕麵包・瑪芬・司康

STAFF

出版	瑞昇文化事業股份有限公司
編著	ORANGE PAGE
譯者	徐承義
總編輯	郭湘齡
文字編輯	徐承義
美術編輯	謝彥如
排版	沈蔚庭
製版	印研科技有限公司
印刷	桂林彩色印刷股份有限公司
法律顧問	經兆國際法律事務所　黃沛聲律師
戶名	瑞昇文化事業股份有限公司
劃撥帳號	19598343
地址	新北市中和區景平路464巷2弄1-4號
電話	(02)2945-3191
傳真	(02)2945-3190
網址	www.rising-books.com.tw
Mail	deepblue@rising-books.com.tw
初版日期	2019年10月
定價	280元

ORIGINAL JAPANESE EDITION STAFF

撮影／田村昌裕　「ちぎり蒸しパンの素朴なかわいさに、ドキドキ♥」
スタイリング／深川あさり　「ちぎり揚げパンLOVE♥　揚げたてチョコバナナ最高！」
デザイン／三上祥子（Vaa）　「行楽日和には、ちぎりコッペパンを持って出かけたい」
イラスト／須山奈津希
調理アシスタント／Roco　降矢絵莉子
撮影アシスタント／高重乃輔
熱量・塩分計算／五戸美香（ナッツカンパニー）
編集／清水祥子　「校了後の一杯は、ちぎりフォカッチャとともに……！」
撮影協力／UTUWA　AWABEES

國家圖書館出版品預行編目資料

平底鍋搞定香Q手撕麵包.瑪芬.司康 / 高山和惠作；徐承義譯. -- 初版. -- 新北市：瑞昇文化, 2019.09
72面； 21x25.7公分
譯自：フライパンで焼ける!7つのちぎりパン
ISBN 978-986-401-367-8(平裝)
1.點心食譜 2.麵包
427.16　　108012306

FRYING PAN DE YAKERU NANATSU NO CHIGIRI PAN